キハユニ16 9 キハユニ16形は、電気式2扉車として新製されたキハ44100形の改造で、1956年に液体式への改造と同時にキハユニ化された。前面は元形式の湘南顔を維持していた（後年に貫通型に改造された車両も存在）。青色系の旧気動車標準色時代のカラー写真は希少である。　　　1959.2.11　茅ケ崎　P：久保　敏

キユニ07 1 キユニ07形はキハ07形が種車である。種車の機械式のままとされたため、液体式気動車との併結場面ではトレーラーとして編成後尾に連結された。4輌全車が四国で活躍した。
1961.8.13　高松機関区　P：星　晃

キユニ16 2 キユニ16形は前頁掲載のキハユニ16形から4輌が再改造されたもので、写真の2番は晩年の大分配置時は前面の塗り分けが直線的になっていた(それ以前の広島時代の写真を28頁に掲載)。
1977.9.19 鳥栖
P：久保 敏

キユニ15 1 キユニ15形は、10系気動車の中間車キロハ18形から改造されたキハユ15形から5輌が再改造されたもの。元の連結面に切妻の運転台が設置され、全車四国で活躍した。
1977.5.1 高知
P：豊永泰太郎

キユニ17 19 キユニ17形は、キハ17形から11輌が改造されたもの。写真は非電化時代の伯備線で、キハ55系・キハ10系からなるローカル列車の先頭に立つ姿。
1977.3.12 井倉～石蟹 P：久保 敏

キハニ15 1 キハニ15形は、10系気動車の中間車キハ18形の改造で1輌だけが誕生。切妻かつ貫通型の特異な表情を持つ運転台が新設されている。　1978.5.6　新潟
P：藤井　曄

キニ55 1 キニ55形は、キハ10系の2エンジン搭載車キハ51形から4輌が改造されたもの。全車常磐線での荷物輸送用で、電車に伍して高速走行するために2エンジン車が種車に選ばれた。写真は晩年の首都圏色化後の姿。　1979.2.4　水戸
P：久保　敏

キユニ21 1 キユニ21形はキハ20系では唯一の改造形式である。寒地向けキハ21形が種車で、その形態的特徴であるバス窓とDT19台車が維持されていた。2輌全車が北海道で活躍。
1982.7.28　深川
P：勝村　彰

キニ58 3　キニ58形は、中央東線用2エンジン搭載グリーン車のキロ58形を種車として3輌が改造されたもの。車体は新製され、キハ40系に準じた形状を持つ。前頁のキニ55形やキハ55形改造のキニ56形(写真2両目)と一緒に常磐線で活躍した。　1979.2.4　水戸〜赤塚　P：久保　敏

キユニ26 10　キユニ26形はキハ26形を種車として25輌という比較的多数が誕生。種車の形態差に由来するバリエーションがある。写真は種車であるキハ55系と編成を組んだところで、改造時に急行色から一般色に塗り替えられたことがよく伝わる。先頭部下部のミニバンパーは、落成当初の高知配置時代の名残。　1975.8.10　岐阜　　P：藤井　曄

キユニ26 12　上写真と同じキユニ26形だが、晩年はこのように首都圏色とされた(キハ55系も一部は首都圏色になった)。10・12番とも、キロハ25形格下げのキハ26形300番代からの改造。　1981.8.17　高松　P：勝村　彰

キユニ28 3　キユニ28形はキロ28形の改造により、28輌という比較的多数が登場したが、キハ40系に準じる新製車体を持つため、形態バリエーションはない。一部は気動車一般色で登場、キハ40系では当初実現しなかった塗り分けパターンを見ることができた。　1981.2.15　岐阜　P：千代村資夫

美祢線で使用されていたキハユニ15。
湘南スタイルの気動車はもともと少数
派であったため、すれ違いざまでもカ
メラを向けてしまうのであった。
1974.5.10　於福　P：荒川好夫

は じ め に

　鉄道による郵便・荷物の輸送は鉄道創成期より
開始され鉄道の延伸とともに範囲を広げていった。
　当初よりこれらの輸送は客車によるもので、時
代とともに大部分は合造車であったが電車・気動
車も誕生した。国鉄気動車にあっては昭和30〜40
年代に普通車から改造された車輌も多く、様々な
形態が見られ、輌数は少ないものの見る者を楽し

ませてくれていた。
　時はながれ、輸送形態も航空機、車社会へ移り、
鉄道による扱い量は減少し、国鉄では昭和61年9
月30日に鉄道郵便の取扱いを廃止、続いて11月1
日のダイヤ改正で荷物輸送はコンテナ、トラック
輸送に移行され、これに使われていた車輌は使命
を終え、順次廃車されていった。国鉄の分割民営

鉄道開業以来脈々と続いてきた鉄道郵便輸送は1986（昭和61）年9月30日をもって、また、手・小荷物輸送も同年11月1日のダイヤ改正をもって廃止され、この時点で郵便・荷物気動車の歴史も幕を閉じた。最後の活躍を続けていた頃のキハユニ25。
1983.3.10　日高本線汐見－鵡川　P：荒川好夫（RGG）

化目前のことであった。

　全廃されて14年。生まれた時も去るときも、注目されることなく、都会の便りをふるさとへ、ふるさとの薫りを都会へと運び続け活躍した郵便・荷物ディーゼル動車。機械式有り、10系、20系、果ては急行型もあり、同じ形式でも形態の異なるものもある個性豊かな車輌たちであった。

　現在でもユ・ニの形式を持った客車、電車はごく少数が在籍しているが、本来の仕事をすることなく、事業用車の代用車として最後の働きをしたり、車輌基地の片隅で静かに車体を休めている。

　なお、本稿は『Rail Magazine』59号より66号に7回にわたり連載したものを再構成してまとめたものである。

1. 気動車における郵便車・荷物車の沿革

昭和初期、中小の地方鉄道においてはガソリン動車の導入が多数見られたが、いずれも短距離の小量輸送が主流で、同時に手小荷物の輸送も兼ね「キハニ」タイプの車種も数多く見られた。

国鉄では昭和4年に製造されたガソリン動車の第1号キハニ5000形も三等荷物合造車となり、次いで製造された電気式ガソリン動車キハニ36450形も合造車であったが、昭和8年より製造されたキハ41000形では荷物合造車は製造されなかった。ただし昭和8年～12年、昭和16年～19年と2度に渡る地方鉄道の買収により国鉄に編入された気動車には若干の合造車が見られた。

戦後、ディーゼル動車の発展により、昭和30年代初頭にはローカル線から亜幹線へディーゼル化が進み、小荷物輸送に気動車も加わり、昭和31年に電気式キハ44100形を液圧式に改造と同時にキハユニ化し、三等郵便荷物車キハユニ44100〔キハユニ16〕が登場した。続いて昭和32年にも、同じく電気式のキハ44000〔キハ09〕を液圧式改造と同時にキハユニ化を行ないキハユニ15が誕生した。更に、昭和33年からキハユニ25、26が新製され、昭和35年までに58輌のキハユニが登場した。

その後も機械式気動車より改造のキユニ07、キユニ01、キニ05等も生まれ、一般型・急行型の17系、20系、26系、28系と逐次各系列からの改造も行なわれた。最

朝刊を運んできたキハユニ26。このような荷扱い風景は、全国の到るところで見ることができた。 1980.7.27 会津川口 P：岡田誠一

終的に国鉄に在籍した郵便車、荷物車は、買収車を除きキハユニ6形式、キハユ1形式、キハニ3形式、キユニ11形式、キクユニ1形式、キニ10形式、キユ1形式の33形式にもおよんだ。しかし、そのほとんどが一般車からの改造車あるいは再改造車で、新製されたものはキハニ5000、キハニ36450、キハユニ25、26、キユ25のわずか5形式にすぎない。

■国鉄郵便・荷物気動車年度別増減表　　　　　　　　　　　（作成：千代村資夫）

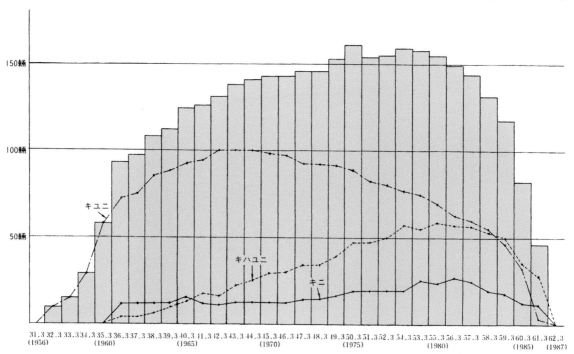

キユニ

キハユニ

キニ

150輌
100輌
50輌

31.3 32.3 33.3 34.3 35.3 36.3 37.3 38.3 39.3 40.3 41.3 42.3 43.3 44.3 45.3 46.3 47.3 48.3 49.3 50.3 51.3 52.3 53.3 54.3 55.3 56.3 57.3 58.3 59.3 60.3 61.3 62.3
(1956)　　　(1960)　　　　(1965)　　　　　(1970)　　　　(1975)　　　　(1980)　　　(1985) (1987)

国鉄（鉄道省）初の内燃動車であるキハニ5000。現在、JR北海道苗穂工場で静態保存されているキハニ5005は、救援車エ811の廃車体を昭和55年に復元したものである。外観はもとより、内装材の取り付けもマイナスネジを用いるなどして、往年の姿を忠実に再現している。　　　2000.9.26　P：RM

2-1　キハニ5000形

三等荷物ガソリン動車

　国鉄〔鉄道省〕最初の内燃動車で、動力はガソリン機関を使用し、昭和4年に汽車会社、日本車輌、新潟鉄工所の3社で合計12輌が製造された。すでに地方鉄道・軌道〔私鉄〕においては外国製ガソリン機関を使用したガソリン動車が実用化されており、国鉄でもフリークェントサービス向上のためガソリン動車の導入が行なわれたものである。

　全長10m、定員43名の2軸単車で、国産部品の使用を基本とした設計が行なわれたが、機関は当時自動車用では国産品が無く、池貝鉄工所の船舶用機関を一部改造した、公称出力40PS/1200rpmのガソリン機関を使用し、機械式駆動を行なっていた。

　運転台は片隅式を両端に設置、一端に荷物室〔3.5㎡〕を備え、座席はクロスシート、客室には30Wの電灯が3ケ設置された。また、車体正面屋根上にエンジン冷却水の放熱器を備えている。

　車体は部品の互換性を考慮し、同時期に製造されていた鋼製電車、客車と同様の設計としたため、車体の軽量化がはかれず、結局車体重量15.5tの過重車体となってしまった〔キハ17・20系では自重約31t出力180PS/1500rpm〕。このため、出力不足で加速度も低く、扱いの不慣れも重なり結果は満足なものが得られなかった。

　しかし難行苦行の末、翌昭和5年2月1日大垣－西濃鉄道市橋間において営業運転を開始した。その後は改良が加えられ、昭和8年1輌が事故により廃車となったものの、昭和11年の資料によると大垣に3輌、姫路6輌、正明市2輌、合計11輌の健在がうかがえる。

　しかし、昭和12年よりガソリン消費統制が行なわれ、ガソリン動車の運行にも影響があらわれ昭和14年1月全車休車となった。その後、昭和16年には機関を外され、8輌がハニ5000形へ、3輌が事業用車やヤ5010形へ改造され、この時点でキハニ5000形は形式消滅してしまった。現在、JR北海道苗穂工場に復元保存されているキハニ5005は、ヤ5010を経てエ811に改造され廃車となった車体の復元車である。

キハニ5000

番号	製造所	製造年月	改　造　後
5000	汽車会社	昭4.7	ハニ5000→昭和23.10廃車
5001	〃	〃	ハニ5001→　　〃
5002	〃	〃	ハニ5002→　　〃
5003	〃	〃	ヤ5010→エ810
5004	〃	〃	ヤ5011→昭和22.2廃車
5005	日本車輌	〃	ヤ5012→エ811→昭和35.12廃車
5006	〃	〃	ハニ5003→昭和23.10廃車
5007	〃	〃	ハニ5004→　　〃
5008	〃	〃	昭和8.11.22廃車
5009	〃	〃	ハニ5005→昭和23.10廃車
5010	新潟鉄工	〃	ハニ5006→　　〃
5011	〃	〃	ハニ5007→　　〃

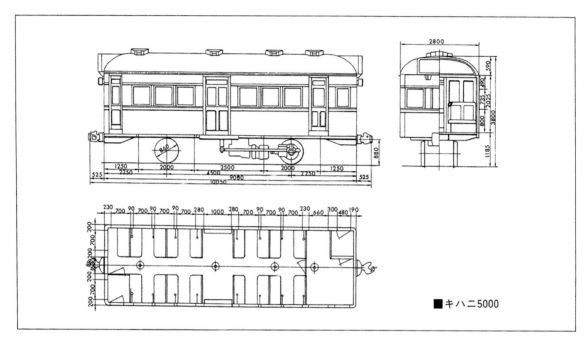

■キハニ5000

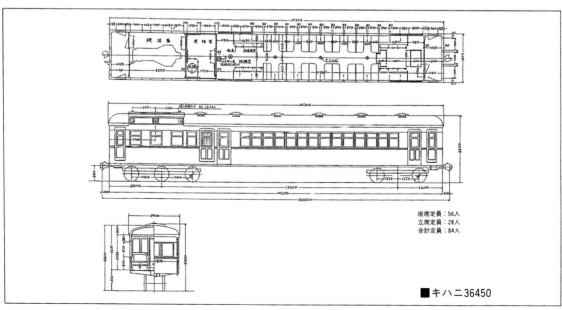

座席定員：56人
立席定員：28人
合計定員：84人

■キハニ36450

キハニ36451　キハニ5000に続くガソリン動車であるが、機械式ではなく電気式となっている。写真のキハニ36451は川崎車輌の製造で、日本車輌製のキハニ36450と比べるとリベットの数などに差異が見られる。廃車後は大井工場に置かれて事務所として使用されていた。　　　　P：鉄道省

2-2 キハニ36450形

三等荷物ガソリン動車

　キハニ5000形に続くガソリン動車で、昭和6年に川車、日車でそれぞれ1輌が製作された。

　この車輌は電気式のガソリン動車で、ガソリン機関により発電機を回転させ、発生した電気によりモーターを駆動させる構造で、全長20m、二・三軸ボギーの両運転台付となった。

　車体の約1/4は機関室となり、池貝鉄工所製のガソリン機関〔200PS/1250rpm〕とこれに直結された135KWの発電機が納まり、国鉄では蒸気動車ホジ6000形〔キハニ6450形〕に次ぐ床上走行機関搭載車となった。ただし、以後このタイプの出現は無い。機関室の天井には放熱器が取付けられ、2台の大型送風機によって放熱器を冷却している。

　機関室の後には手荷物室〔荷重1t〕があり、次いで客室となっている。客室は当時の鋼製電車と同様の小窓のクロスシート、出入口附近の一部がロングシートとなり、付ずい車を1輌連結して走るよう設計された。

　電動台車は80KWのモーターを2ケ取付けた2軸台車が特別に製作され、付ずい台車は機関室側に3軸のTR71が使用された。

　このように車体はキハニ5000形と同様ながん丈な車体となり、発電機等重量物を搭載しているため、自重は49.1tに達し、重量の割に機関出力が少なく、出力不足のため満足する性能は出せなかった。

　昭和6年11月15日彦根－長浜間で営業運転を開始し、昭和11年キクハ16800形と制御可能工事が行なわれた。第二次大戦後は新鶴見機関区の職員通勤車に使用されていたが、昭和24年9月廃車となり、昭和31年頃まで大井工場構内で廃車体を建物代リに使用していたものの、その後解体されてしまった。

キハニ36450

番号	製造所	製造年月	廃車年月	備　　考
36450	日本車輌	昭6.10	昭24.9	
36451	川崎車輌	昭和6.9	〃	

3．機械式改造車

キクユニ04 1　郵便荷物気動制御車という他に例のない珍車である。この車輌はキハ17などと連結して両毛線の郵便荷物輸送で使用された。荷物用のドアは新設されず、窓埋めも最小限に抑えられている。昭和40年に後述するキユニ16 10が配置されると形式消滅した。 1964年頃　高崎　P：笹本健次

3-1 キクユニ04形

郵便荷物気動制御車

　両毛線用の郵便荷物気動車として、昭和36年12月大宮工場でキハ04 30を改造した車輌である。

　この車輌は先のキハニ36450形の相棒として生まれた木造電車改造のキクハ16800形に次ぐ2形式目の気動制御車で、キハ04のディーゼル機関を撤去、約1/3を郵便室に、残り2/3を荷物室に改造したものである。外観は郵便室側の窓を3ケ所埋込みとした他は荷物室扉の増設等の改造も無く変化はない。

　種車キハ04 30は元を正せば昭和8年3月に田中車輌で落成した戦前の本格的ガソリン動車キハ36929で、昭和9年3月称号改正によりキハ41029となり、昭和26年2月ガソリン機関から日野製トレーラーバス用のDA55形〔75PS/1200rpm〕ディーゼル機関に換装しキハ41514、更に昭和30年1月にDMF13形〔110PS/1500rpm〕ディーゼル機関に換装してキハ41329となり、昭和32年4月称号改正によりキハ04 30となった。昭和40年3月キハユニ16改造のキユニ16 10へバトンタッチしてその任務を終え、同年3月31日に廃車となり姿を消した。

キクユニ04

番号	配置区	旧番号	改　　造		廃車年月日	備　　考
			工場	年月日		
1	高タカ一	キハ04 30	大宮	36.12.26	40．3.31	

キクユニ04

郵　便　室　荷　重	3.5t	自　　　　　重	20t
郵　　袋　　数	90個	台　車　形　式	TR26
荷　物　室　荷　重	6.5t	ブ　レ　ー　キ　装　置	GPS

キユニ07 4　キユニ07は四国内のみで使用された郵便荷物気動車である。乗務員扉と荷物扉を新設するなど意外と手が込んでいる。単独での使用も可能であるが、キハ20などの液体式気動車と併結する際は、トレーラーとして後部に連結して使用された。　1964.3.20　高松機関区　P：豊永泰太郎

3-2 キユニ07形

郵便荷物ディーゼル動車

　キハ17系の進出によりこれまでの機械式気動車は老朽化が目立ち、昭和33年頃より廃車も始まった。これにともない、荷物車への改造も行なわれ、特に大量の気動車投入の行なわれた四国地区では数多くの改造郵便荷物気動車が誕生した。このキユニ07も土讃線、高徳線、牟岐線のディーゼル化に伴ない誕生したもので、昭和35年に4輌がキハ07形より改造された。

　車体中央部より二分し、半室を荷物車に、半室を郵便室に改造、郵便室には区分棚を設け、便所も設置している。窓回りは荷物室用に1800mmの両開き戸、郵便室側には1000mmの片開き戸を増設、区分棚部分の窓は埋込む等大幅な改造が行なわれた。

　種車のキハ07形は昭和10年から昭和12年に製造されたキハ42000形で、全長19.7m、GMH17形〔150PS/1500rpm〕のガソリン機関を搭載した大型車である。片側に3ケ所の出入口を有し、室内はセミクロスシートで、ローカル線の通勤通学輸送の主力となっていたが、戦争の激化により燃料不足となり休車状態に陥っていた。

　しかし、戦後序々に復活し、昭和17年に設計を完了していたDMH17形〔150PS/1500rpm〕ディーゼル機関を昭和26年キハ42000に搭載し、キハ42500形に改称、さらに昭和32年4月称号改正でキハ07形となって第一線に復帰した。

　キユニ07へ改造後は、2輌が高松へ配置され高松－小松島－牟岐間に、2輌が高知へ配置となり高知－窪川間に使用されていたが、昭和40年、41年に10系改造車キユニ15と交代し、4輌とも廃車となった。

キユニ07

| 番号 | 配置区 | 旧番号 | 改造 | | 廃車年月日 | 備　考 |
			工場	年月日		
1	四カマ	キハ07 22	多度津	35. 4.13	41.11. 4	
2	〃	キハ07 27	〃	35. 4.15	40.12.17	
3	〃	キハ07 15	〃	35.10.13	40.12.17	
4	〃	キハ07 23	〃	35.11.17	41. 6.11	

キユニ07

郵　便　室　荷　重	4t	台　車　形　式	TR29
郵　袋　数	278個	機　関　形　式	DMH17A
荷　物　室　荷　重	5t	ブ レ ー キ 装 置	GPS
自　　　重	27.5t	最　高　速　度	95km/h

キニ05 8　キニ05は四国内のみで使用された荷物車。種車はキハ06の機関をDA55からDA58に改造したキハ05 50番代である。外観は種車の客用扉など
を活用しながら、中央部に荷物扉を設けたスタイルで、改造車とは言え、均整のとれた印象を受ける。1964.3.21　松山気動車区　P：豊永泰太郎

3-3　キニ05形

荷物ディーゼル動車

　昭和35年、36年にキハ05 50〜を改造し9輌が生まれ
た初の全室荷物ディーゼル動車である。

　側面2ケ所に1800mmの両開きの荷物積卸口を新設し、
窓は片側4ケ所のみを残して他は全部埋め込まれ、旅
客車の面影は無くなっている。

　種車キハ05 50〜は戦後生まれの機械式ディーゼル
動車で、昭和26年日野DA55形75PS/1200rpmディーゼ
ル機関を搭載し、キハ41500形のキハ41600番より50輌
製造された。車体は戦前のキハ41500形と同じであった
が、外板のリベットが無くなったのが特徴である。

　昭和32年4月称号改正によりキハ06となったが、こ

の内9輌が昭和32年後半から昭和33年前半にかけて機
関を日野DA58形〔100PS/1700rpm〕に改造してキハ05
50〜となり、北海道、関西地区に配置された。その後、
これら全車は昭和34年度末までに四国へ集められ、昭
和35年度には全車がキニ05へと改造された。

　当初は松山と高松に配置されたが、昭和36年度には
高松区に全車集中配置され、高徳、牟岐、予讃線等に
使用されていた。なお、この時代にはキニ05単行運用
も行なわれていた。

　昭和30年代後半にもなると、機械式気動車の淘汰は
四国にも及び、昭和39年3月にはキユニ15の増備によ
りキニ05は3輌が休車となり、これらは昭和40年12月
に廃車となった。さらにキニ17の増備も加わり、残り
6輌も昭和41年11月までに全車廃車となった。

キニ05

番号	配置区	旧番号	改造		廃車年月日	備　考
			工場	年月日		
1	四マツ	キハ05 50	多度津	35.10.20	41.11. 4	
2	〃	キハ05 51	〃	35.12. 2	40.12.17	
3	四カマ	キハ05 52	〃	36. 2.28	41. 6.11	
4	〃	キハ05 53	〃	35.12.18	40.12.17	
5	四マツ	キハ05 54	〃	35.11.30	41.11.14	
6	四カマ	キハ05 55	〃	36. 1.17	41.11.14	
7	〃	キハ05 56	〃	35. 9.27	40.12. 7	
8	〃	キハ05 57	〃	35.11.19	41.11. 4	
9	〃	キハ05 58	〃	36. 1. 9	41.11. 4	

■キクユニ04 1

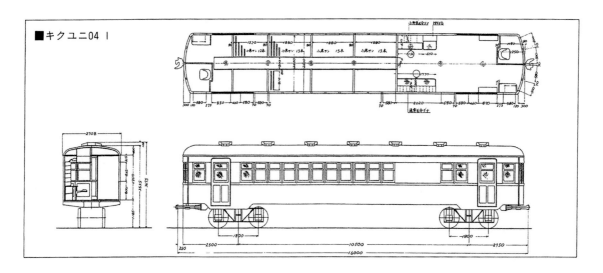

■キユニ07 1～07 4

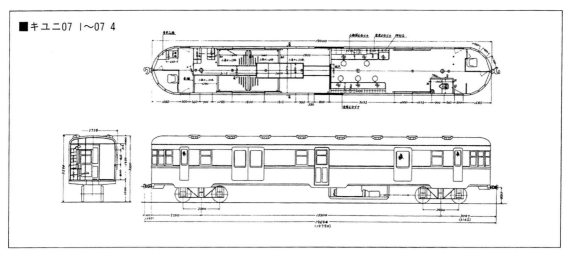

■キニ05 1～05 9

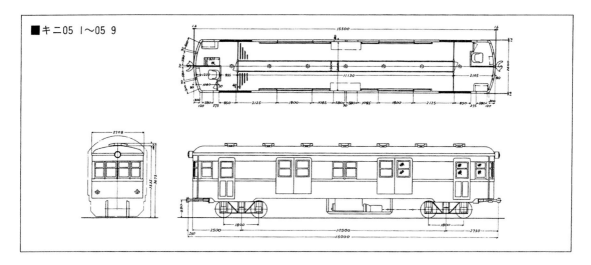

キニ05

荷 物 室 荷 重	6t	機 関 形 式	DA58
自 重	22.4t	ブ レ ー キ 装 置	GPS
台 車 形 式	TR26	最 高 速 度	85km/h

ユニキサハ41801　キハ41000形改造の付随気動車キサハ41800形を郵便荷物用に改造した車輌。越後線でキハ45000に牽引されて活躍した。「キサハ」を名乗るが、旅客扱いを考慮せず、便宜上、頭に小さな「ユニ」の文字が書き込まれていた。　　　　　1955.8　出雲崎　P：長谷川　明

3-4 ユニキサハ04 101・102

　昭和29年5月1日、越後線にキハ45000系（キハ17系）が投入され気動車化されたが、キハ45000系ではキハユニの新製はなく、これまで客車によって行われていた郵便荷物輸送の手段がなくなり、苦肉の策としてキハ45000系2輌＋オハユニ61という列車が新潟－柏崎間に3往復登場した。

　しかし、キハのオハユニ牽引には種々問題も多く、急遽車掌車の転用が考えられ、ヨ3500形2輌（4306、4347）が改造され、5月中旬よりキハ牽引で使用が開始された。

　ところが、これも積荷容積が少なく、荷物の積み降ろしには不便な上、輸送量に対応しきれず、大きな荷物は室内に入れられない等支障をきたしたため、再度検討の結果、キサハ41800形が使用されることになった。種車は千葉局配置のキサハ41800、41801の2輌で、新潟区において半室の座席を撤去し荷物室に、残り半室を郵便室に改造しキサユニとなったが、称号の上では変更がなくキサハ41800形であった。

　新潟区では初めから郵便荷物車として使用することを前提として一般の客扱いは考慮せず、車体側面には郵便・荷物の標記を入れ、7月中旬よりキハ45000系牽引による運用を開始し、気動車化による郵便荷物輸送

に思わぬ車輌が誕生した。

　その後、工場入場時に形式称号キサハの前に便宜上〝ユニ〟と小さく標記が書き込まれた。

　昭和32年4月、気動車の称号改正によりこの2輌はユニキサハ04 101、102へ改番され引き続き越後線で使用されたが、昭和36年4月、勾配区間用2基エンジン搭載の試作車キハ50形改造のキハユニ17形2輌が配属され、ユニキサハ04はこれと交代し休車となり、2輌とも昭和36年6月新潟区で廃車となった。

　廃車後この2輌は北陸鉄道へ譲渡され、昭和36年8月にサハ1651、1652として竣功、翌昭和37年6月にはクハ改造を受けクハ1651、1652となり、運転台、乗務員室扉の新設、前面窓の3枚化、連結面に貫通扉の新設などが行われた。台車はTR26のままであったが、一時電車用NT28を使用していたこともあった。浅野川線で活躍していたが、昭和43年12月廃車となり、翌年には解体された。

称号改正時に併記された新旧の車号。頭の「ユニ」の文字がこの車輌が異端車であることを物語る。1957.3.21　新潟機関区　P：瀬古龍雄

称号改正時の^{ユニ}キサハ41800(^{ユニ}キサハ04 101)。^{ユニ}キサハ41800・41801は昭和32年の称号改正により^{ユニ}キサハ04 101・102を名乗ることとなったが、昭和36年にはキハユニ17の投入により廃車となり、北陸鉄道に譲渡された。　1957.3.21　新潟機関区　P：瀬古龍雄

キサハ04 101・102履歴

新製時			キサハ改造			57年4月称号改正	廃車		北陸鉄道譲渡
番号	製造所	年月	番号	工場	年月		配置	年月	
41040	日車	9.1	41800	新小岩	25.7	04 101	新ニイ	36.6	サハ1651→クハ1651
41041	大宮工	9.1	41801	新小岩	26.3	04 102	新ニイ	36.6	サハ1652→クハ1652

4. レールバス改造車

4-1 キユニ01形

郵便荷物ディーゼル動車

昭和29年、30年に閑散線区のフリークェントサービスを主目的として製造された軽量の2軸レールバス、キハ10008〔キハ01 55〕の改造で、昭和37年に1輛のみが落成した。

キハ01をはじめとするレールバスは、当初の目的を達しえぬまま当時余剰となっており、その有効利用例であった。

車体中央部に仕切リを設けて座席を撤去し、半室を郵便室、荷物室に改造、郵便室には区分棚、事務机を配し、出入口側にも仕切リを設置し、荷物室は車体中央寄りの座席を1脚残し事務机を設けている。外観窓まわりは変更なく、出入口も700mmの折戸のまま使用さ

キユニ01 1 浜田に配置され、山陰本線や三江北線で使用された。種車は寒地用のキハ01 55であるが、外観上は車体標記以外は手が加えられていない。昭和42年に廃車。1964.9.10 石見江津 P:豊永泰太郎

れていた。三江北線石見江津(現・江津)-浜原間に2往復運用されていたが、昭和42年1月に廃車となった。

キユニ01

番号	配置区	旧番号	改造		廃車年月日	備考
			工場	年月日		
1	米ハマ	キハ01 55	後藤	37. 9.17	42. 1.12	

キユニ01

郵 便 室 荷 重	lt	台 車 形 式	──
郵 袋 数	122個	機 関 形 式	DS21
荷 物 室 荷 重	2t	ブ レ ー キ 装 置	ドラム式SME
自 重	10.4t	最 高 速 度	70km/h

■キユニ01 1

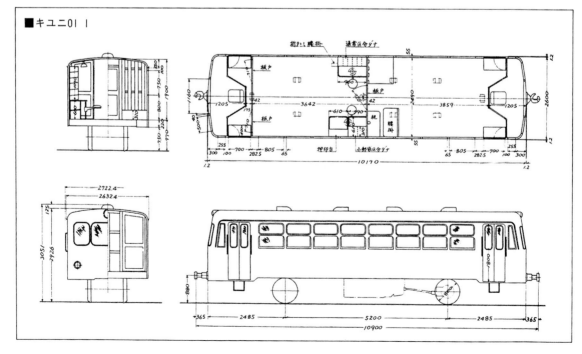

5．10系元電気式改造車

キハニ36450形の項で電気式ガソリン動車という用語が登場しているが、今日では耳慣れない「電気式気動車」とはどのようなものだろうか。要約すれば、車体に搭載したディーゼル機関（古くはガソリン機関）に直流発電機を直結し、発電された電力によって台車に架装した主電動機を駆動する、いわば自車発電装置付電車といった車輌である。初期の液体式（液圧式）が技術的に総括制御できなかった欠点を補完すべく誕生したシステムと考えることができるが、線路容量の大きい欧米では、現在でも電気式気動車がひろく採用されている。

国鉄では戦前DTD編成を基本とするキハ43000系を製作しているが、本格的取り組みを開始するのは戦後になってからで、昭和27年度にあいついで誕生したキハ44000、44100、44200形が国鉄の電気式気動車を代表する車輌であった。しかし、これら電気式気動車は、ディーゼル機関のほかに発電機、主電動機といった装備を不可欠としたため、車輌重量の増加と製作費の高騰等の問題があり、総括制御液体式の開発・成功により翌昭和28年度には製作を中止されている。

日本では長いこと電気式気動車は存在しなかったが、平成15年にハイブリッドシステムを搭載したJR東日本キヤE991形（NEトレイン）が登場し、再び注目を浴びつつある。

5-1 キハユニ15形

3等郵便荷物ディーゼル動車
■キハユニ15 1〜15 15

昭和27年に製作された国鉄最初の総括制御の電気式気動車キハ44000形の改造で（昭和32年4月称号改正により初代キハ09形となった）昭和32年度に15輌全車が液体式に改造され同時にキハユニ化された。

正面二枚窓の非貫通形で、側面の3ケ所の扉はキハ09時代のまま残り、前位より荷物室〔荷重4t〕郵便室〔荷重2t〕客室〔定員42名〕とほぼ3等分され、各々の

キハユニ15 4 元は湘南スタイルであったが、昭和40年代にキハ17に準じた貫通型スタイルに改めた。 1967.11.22 新庄 P：豊永泰太郎

キハユニ15 2 キハユニ15のうち1〜15は電気式試作車のキハ44000（キハ09）が種車である。さらに初期車の1〜4は側窓が客車と同じように1段上昇式となっている。なお、キハユニ15に改造の際に前面の裾部（スカート）がカットされている。 1964.9.13 熊本 P：豊永泰太郎

キハユニ15 6の荷扱い風景。加古川線で使用されたキハユニ15 6は、キハユニ15 9と共に最後まで残った湘南スタイルの郵便荷物気動車である。塗色は廃車時には朱色5号となっていた。このほか加古川には、前面の窓が小型化されたキハユニ15 3もいて、珍車の溜まり場となっていた。　　　　　　　　　　　1980.9.12　加古川　P：名取紀之

キハユニ15 6　キハユニ15 5～は側窓が変更されたタイプで、上段がHゴム固定窓、下段が上昇窓となった。このスタイルは量産されたキハ45000(キハ17)などにも採用された。写真はまだ2色塗りであった頃に撮影したものである。　　　　　　　　　1975.10.5　加古川気動車区　P：千代村資夫

キハユニ15

番号	配置区	旧番号	改　造		廃車年月日	備　　考
			工　場	年月日		
1	米トリ	キハ09 1	大　宮	33. 3.31	55. 1.18	正面貫通形
2	熊ヒト	キハ09 2	小　倉	33. 1	50. 8. 4	
3	米トリ	キハ09 3	大　宮	32.12.26	55. 7.19	
4	秋カタ	キハ09 4	小　倉	32.12	52. 7.10	正面貫通形
5	四トク	キハ09 5	大　宮	32.10. 2	46. 6. 3	
6	大カコ	キハ09 6	〃	33. 3. 1	56. 5.20	
7	広アサ	キハ09 7	小　倉	33. 3	50. 1.28	
8	水ミト	キハ09 8	〃	32.12.14	52. 1. 5	
9	大カコ	キハ09 9	大　宮	33. 3.13	56. 2.20	
10	水ミト	キハ09 10	小　倉	33. 3	54. 5.24	
11	米トリ	キハ09 11	大　宮	32.11.21	52.12.13	正面貫通形
12	四トク	キハ09 12	〃	32.11. 5	50. 6.19	
13	水ミト	キハ09 13	小　倉	32.12. 4	54.12. 8	
14	大カコ	キハ09 14	大　宮	32.12.11	54.11. 8	
15	熊ヒト	キハ09 15	小　倉	33. 2	49年度	
16	福トカ	キハ15 1	大　宮	34.12.16	51. 2.18	正面貫通形
17	広コリ	キハ15 2	〃	35. 3.28	50.11.15	
18	福トカ	キハ15 3	〃	34.11.28	51. 2.18	
19	広コリ	キハ15 4	〃	35. 2.23	50.12.15	

キハユニ15 5～19

座　席　　　(名)	36	台　車　形　式	DT18B,DT18A
立　席　　　(名)	6	機　関　形　式	DMH17C
自　　重　　(t)	33.0～33.3	出力(PS)/回転数(PPM)	180/1500
郵 便 室 荷 重 (t)	2	ブ レ ー キ 装 置	DA1同期駆動装置付
郵　袋　数	165	最　高　速　度　(km/h)	95
荷 物 室 荷 重 (t)	4	照　明　方　式	白熱灯
台　枠　形　式	UF211	備　　　　考	16～19はキハ15(中間車)改造のため5～15とは寸法が異る

キハユニ15 17　一見するとキハユニ15 5〜15に似ているが、種車は液体式の試作車であるキハ44500（キハ15）。改造は昭和34年度に施工された。広島と福知山に配置され、ローカル輸送に充当されたが、昭和50年度中に4輌とも廃車となった。　　　　　　1965.3　広島機関区　P：手塚一之

扉として使用された。客室の扉は後位1ケ所のみとなり、中央部の郵便室となった部分の窓2ケと戸袋窓が埋込まれている。

キハユニ15 1〜15 4はキハ44000形の試作車で、当時の湘南電車クハ86形と同じスタイルで窓が一段上昇タイプとなっている。キハユニ15 5以降は上段が丸味のあるHゴムの固定式、下段上昇の二段窓となり、以後の10系気動車のスタイルを決定づけ、大きく形態が分かれている。

■キハユニ15 16〜15 19

電気式キハ44000形に遅れること1年、昭和28年液体式気動車の試作車として誕生したキハ44500形〔昭和32年称号改正でキハ15形となった〕からの改造で、車体

はキハ44005以降とほとんど同じである。液体式気動車は貫通形のキハ17系が量産に入り、キハ15形は4輌全車が昭和34年度にキハユニ改造が行なわれ、キハユニ15形へ編入された。

キハユニ15形19輌のうちキハユニ15 1、4、11、16の3輌は、後に正面をキハ17系同様貫通形に改造された変形車となっている。解結の多い一般型気動車にとって、湘南タイプの正面は決して使い勝手の良いものではなかったようである。

これらキハユニ15形は昭和50年代中頃まで本州、四国、九州に分散され、支線区の郵便荷物輸送に活躍していた。電気式または電気式の流れをくむ車体を持つ改造車としては、比較的長命のグループであった。

キハユニ15 8　キハユニ15 13と共に水郡線で使用されていた車輌である。検査出場後のため美しい姿をしている。オデコの中央に「架線注意」の板を付けている。　　　1973.12.15　郡山　P：藤井　曄

キハユニ15 11　キハユニ15 11と14も1と4のように貫通型に改造されている。キハ20と似ているが、車体幅が狭くなっており、縦トイが露出する点などが改造車らしい。　1977.5.3　岡山　P：豊永泰太郎

■キハユニ15 1～15 15

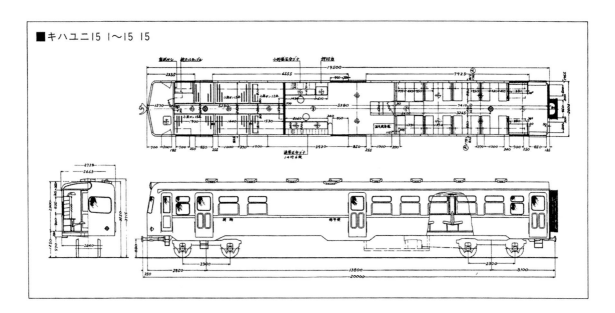

■キハユニ15 16～15 19

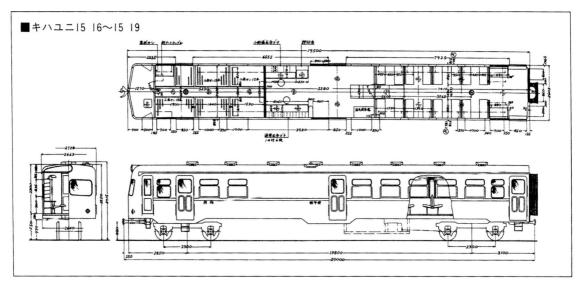

■キハユニ15 4（運転室貫通式改造後）

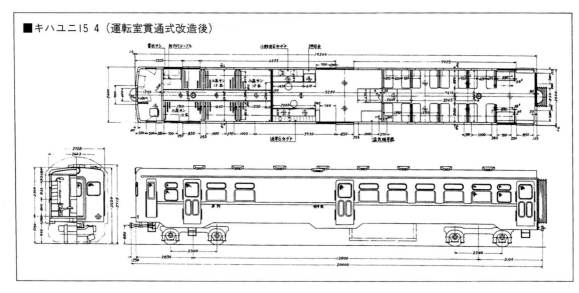

キハユニ16 7　キハユニ16は中距離用の電気式気動車であるキハ44100を種車とした車輌。2扉車の特徴を活かした方法で改造されており、一部の窓を手直しする程度で比較的原型を保っている。後にキユニ16へ再改造された車輌も存在した。　　　　1961.5.7　相模線管理所　P：伊藤　昭

5-2 キハユニ16(キハユニ44100)形

3等郵便荷物ディーゼル動車
■キハユニ16 1～16 10

　昭和28年電気式の中距離用2扉車として新製されたキハ44100形の改造で、昭和31年度液体式に改造され、同時にキハユニへの改造も行ないキハユニ44100形となった。さらに昭和32年4月称号改正によりキハユニ16形に改称された。

　正面はキハユニ15形と同様に、当時流行の湘南形〔クハ86系〕を採用し二枚窓の非貫通形で車端2ケ所に出入口を有していた。前位約1/3を郵便荷物室〔荷重3t〕に改造し前位扉を使用、客室は定員70名に後位1ケ所で混雑時には不評であった。

　外観は郵便室部分の窓を1ケ所埋込み、戸袋次位の窓を小型に改造した程度で、大きな変化はない。

　このうちキハユニ16 3は後に正面を貫通形に改造を行なっている。改造内容は先述したキハユニ15 4、11、16とほぼ同様である（形式図参照）。

　なお、キハユニ16形のうち4輌は、昭和40年、45年にキユニ16形に再改造されているが、キハユニ16 4のみ昭和46年に鹿児島車輌管理所において荷扱い扉の増設等再改造を受け、キハユニ16 601（後述）となっている。郵便・荷物気動車としては唯一の100ケタの技番であった。

■キハユニ16 601

　昭和46年キハユニ16 4を改造して生まれた車輌で、客室内にアコーデオンカーテンを取付け、中間よりやや前寄リに荷扱い扉を増設し、簡易荷物室として使用した。その後更に客室をへらし、後位に荷扱扉を増設と、2度にわたる再改造を行なっている。最終的には片側4ケ所の扉を有する特異な車輌であったが、昭和51年廃車となった。

キハユニ16 1～10

座　　席　　（名）	62	台　車　形　式	DT18B,DT18A
立　　席　　（名）	8	機　関　形　式	DMH17C
自　　重　　（t）	31.8～32.9	出力(PS)/回転数(PPM)	180/1500
郵便室荷重（t）	2.5	ブ レ ー キ 装 置	DA1同期駆動装置付
郵　袋　数	200	最高速度　（km/h）	95
荷物室荷重（t）	3	照　明　方　式	白熱灯
台　枠　形　式	UF212	備　　　　考	3は前面貫通形

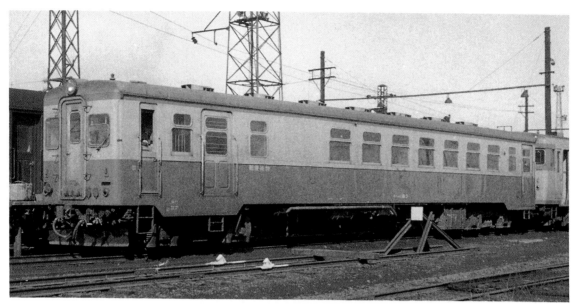

キハユニ16 3　キハユニ16のうち3のみは前面が貫通型に改造されている。荷物扉は客用扉を埋めたうえで後方に移設され、ステップは廃止した。しかし、車体の裾部はカットされていない。昭和52年に廃車となった。

1968.2.21　P：菅野浩和

キハユニ16 601　キハユニ16 4は昭和45年に鹿児島工場で郵便室の拡張により3扉化された。さらに翌46年には4扉化改造を施工され、この際にキハユニ16 601へ改番された。晩年は志布志機関区に配置されたが、昭和51年に廃車となった。

1972.11　宮崎　P：手塚一之

キハユニ16（キハユニ44100）

番号	配置区	旧番号	改造		廃車年月日	備　考
			工場	年月日		
1	門サカ	キハ44100	小倉	31.10.31		キユニ16 1へ改造
2	門ヒカラ	キハ44101	〃	31.12.26	49. 8.19	
3	〃	キハ44102	〃	32. 3. 6	52. 9. 5	正面貫通形
4	〃	キハ44103	〃	32. 3.30		キハユニ16 601へ改造
5	〃	キハ44104	〃	31.10.23		キユニ16 2へ改造
6	広アサ	キハ44105	大宮	32. 2. 7		キユニ16 3へ改造
7	門	キハ44106	〃	31.10.25	53.10.20	
8	門	キハ44107	〃	31.11.21	53. 8.21	
9	門	キハ44108	〃	31.12. 5		キユニ16 10へ改造
10	門	キハ44109	〃	31.12.24	53. 8.21	
601	鹿シシ	キハユニ16 4	鹿児島車管	3扉化 45. 8. 3 4扉化 46.11.17	51. 5.15	アコーディオンカーテン仕切付

■キハユニ16 2〜16 10

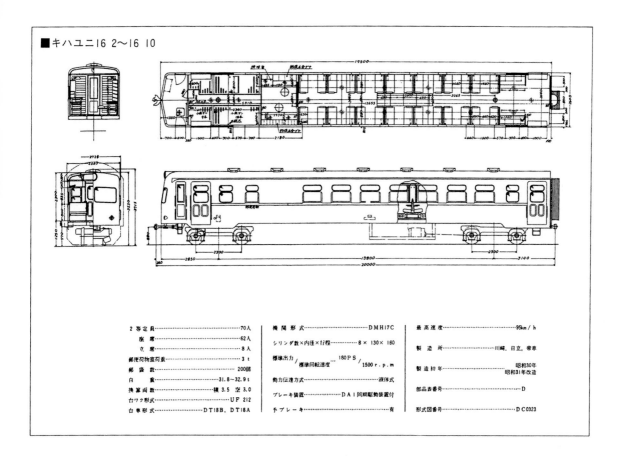

2 等定員	70人		機 関 形 式	DMH17C		最 高 速 度	95km / h
座 席	62人		シリンダ数×内径×行程	8 × 130 × 160		製 造 所	川崎, 日立, 帝車
立 席	8人		標準出力 $\frac{180PS}{1500 r.p.m}$			製 造 初 年	昭和30年 昭和31年改造
郵便荷物室荷重	3 t						
郵 袋 数	200個		動力伝達方式	液体式			
自 重	31.8〜32.9 t		ブレーキ装置	DA1 同期駆動装置付		部品表番号	D
換 算 両 数	積 3.5 空 3.0		手ブレーキ	有		形式図番号	DC0323
台ワク形式	UF 212						
台 車 形 式	DT18B, DT18A						

■キハユニ16 3（運転室貫通式改造後）

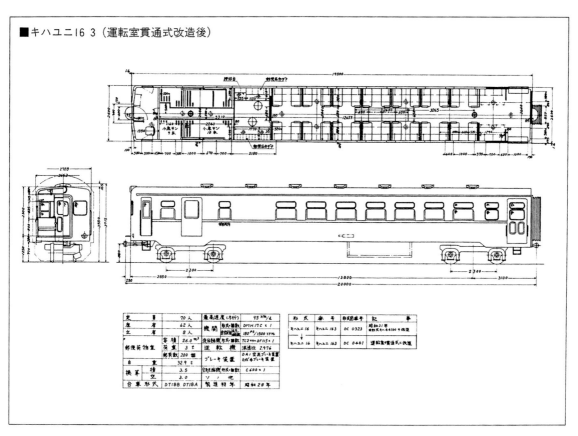

定 員	70人	最高速度(力行)	95km/h		形 式	番 号	新 製 図 番 号	記 事
座 席	62人	機関 形式・個数	DMH17C×1		キハユニ16	キハユニ16 3	DC 0323	昭和31年 帝国車輌4100を改造
立 席	8人	逆転機 形式・個数	TC2ｼｮﾙｶDF115×1		キハユニ16	キハユニ16 3	DC 0461	運転室貫通式に改造
郵便荷物室	容 積 26.0㎥	逆 転 機 減速比	2.976					
	荷 重 3 t	ブレーキ装置	DA1 空気ブレーキ装置 およぴ合ブレーキ装置					
	郵袋数 200 個							
自 重	32.9 t							
換算	積 3.5	空気圧縮機 形式・個数	C 600×1					
	空 3.0	ソ ノ 他						
台 車 形 式	DT18B DT18A	製造初年	昭和28年					

キユニ16 2　キユニ16はキハユニ16を種車とした郵便荷物気動車である。客用扉を全て埋めた上で、荷物用と郵便用の扉を新設している。また、大半の窓が埋められているのでキハユニ16時代の面影は少ない。なお、後位側の旧デッキ部分に便所を設けている。　1970.1.3　広島　P：笹本健次

5-3 キユニ16形

郵便荷物ディーゼル動車

■キユニ16 1〜16 2

キハユニ16形からの改造で、昭和40年に2輌誕生している。

前位半室を荷物室〔荷重5t〕後位半室を郵便室〔荷重5t〕に改造され、キハユニ16当時の出入口は埋込まれ、荷物室側に1800mmの両開き引戸、郵便室側には1000mmの引戸をそれぞれ設置している。旧客室窓はほとんど埋込まれているため外観は大きく変化し、郵便室後位妻面に便所が新設されている。

台車はいずれも電気式当時のDT18を使用している。

キユニ16 1の車内。郵便室より荷物室を見通した様子で、左側の台は消印を押すための押印台、奥が郵便区分ダナである。郵便室側扉の鉄格子は左扉のように下降することも可能であった。1973.10　P：手塚一之

■キユニ16 3

キユニ16の増備車として昭和45年10月に幡生工場でキハユニ16 6を改造して誕生している。

キユニ16 1、2とは形態が異なり旧出入口は埋込まれ、郵便室は前位となって1000mmの引戸が新設され、郵便区分ダナ上部には2ケの明り窓が設けられている。

荷物室は後位となり、1800mmの両開きの荷扱い扉が新設されて旧客室窓はほとんど埋込まれた。後位には仕切りを取付け事務室が設けられ、机、イスが配され、妻面には便所、水タンクが新設された。事務室の窓、出入口の配置は左右非対称となっている（30頁形式図参照）。

落成時より広島に配置され、その後移動することもなく昭和53年に廃車された。

■キユニ16 10

キハユニ16 9からの改造で、キクユニ04 1の代替車として昭和40年大宮工場で改造された。

形態は先の3輌とも異なり、前位の旧郵便荷物室を郵便室〔荷重3t〕に使用、後位客室側を荷物室〔荷重8t〕に改造し、前後の出入口扉はそのまま残し、更に荷物室側へ1200mmの両開きの引戸を新設している。この引戸には木製の戸が使用されており異彩を放っていた。その他の外観は、便所の設置は無く、旧客室の窓もほとんど残り、キハユニ16形の面影を残している。

両毛線で運用されていたが、同様の電化後は美濃太田へ転出し、昭和51年1月に廃車となった。

キユニ16

番号	配置区	旧番号	改造		廃車年月日	備　　考
			工場	年月日		
1	中ヒロ	キハユニ16 1	幡　生	40. 3.28	56. 3.16	
2	〃	キハユニ16 5	〃	40. 3.30	54. 6.11	
3	広ヒロ	キハユニ16 6	〃	45.10.13	53.11.27	
10	高タカ一	キハユニ16 9	大　宮	40. 3.29	51. 1.15	

キユニ16 1~3

座　　席　　（名）	――	台　車　形　式	DT18B,DT18A
立　　席　　（名）	――	機　関　形　式	DMH17C
自　　重　　（t）	33.8	出力(PS)/回転数(PPM)	180/1500
郵　便　室　荷　重　（t）	5	ブ　レ　ー　キ　装　置	DA1
郵　　袋　　数	300	最　高　速　度（km/h）	95
荷　物　室　荷　重　（t）	5	照　明　方　式	白熱灯およびケイ光灯
台　枠　形　式	UF212	備　　　　考	

空欄は不明　――は記載事項なし

キユニ16 10

座　　席　　（名）	――	台　車　形　式	DT18B,DT18A
立　　席　　（名）	――	機　関　形　式	DMH17C
自　　重　　（t）	33.8	出力(PS)/回転数(PPM)	180/1500
郵　便　室　荷　重　（t）	5	ブ　レ　ー　キ　装　置	DA1同期駆動装置付
郵　　袋　　数		最　高　速　度（km/h）	95
荷　物　室　荷　重　（t）	5	照　明　方　式	白熱灯およびケイ光灯
台　枠　形　式	UF212	備　　　　考	

空欄は不明　――は記載事項なし

キユニ16 10　前述したキクユニ04を置き換える目的で投入された車輌で、キハユニ16 9の再改造車である。他の3輌とは異なり、郵便室と荷物室の位置が逆で、旧客用扉もそのまま残っている。両毛線電化後は高崎を離れて美濃太田に転属となり、昭和51年に廃車。　1967.5　高崎　P：手塚一之

■キユニ16 1・16 2

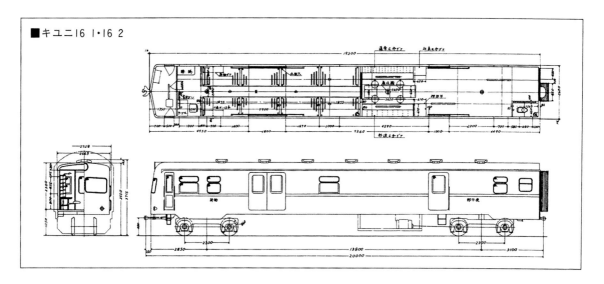

■キユニ16 3

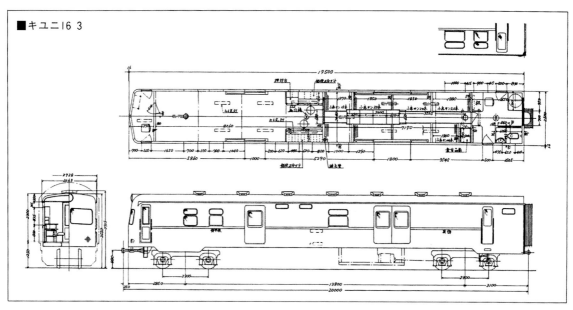

■キユニ16 10

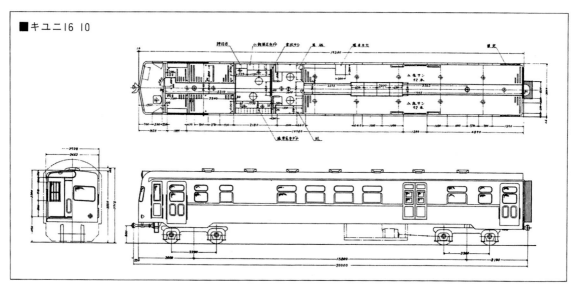

キニ16 2 中間車であるキハ19を改造した常磐線用の荷物車。キハ19は中距離用のキハ44100の一員であり、旧形式はキハ44200。キニ16は昭和39年に4輌が登場したが、昭和40年にキニ55が投入されるとバトンタッチして、全てキユニ19に再改造されてしまった。1965.4.13　上野　P：豊永泰太郎

5-4 キニ16形

荷物ディーゼル動車

　キハ19形のうち4輌を昭和39年に荷物車化した車輌である。種車のキハ19形は、昭和28年に電気式の中距離用キハ44100系の中間車キハ44200形として製造され、昭和31年電気式から液体式に改造、さらに昭和32年4月称号改正によりキハ19形となり、昭和39年5輌のうち4輌がキニ16形へ改造された。

　種車の出入口は前後共撤去し、2位側へ運転台を新設、側面に1600mmの両開き引戸を2ケ所設けた。旧客室窓は3ケ所を残すのみとなり、正面貫通形で運転室の窓はやや小形のものとなっている。荷重11tの全室荷物室となり、便所、水タンクは旧来のまま残し使用した。

　全車水戸に配置され、2輌編成で常磐線の荷物輸送を行なっていたが、出力不足のため強力型キハ51形改造のキニ55形の落成を待って交代し、昭和40年9月には4輌共キユニ19形へ改造されてしまった。

　このキニ16形は在籍わずか2年の短命な形式で、荷物気動車として他に類を見ない形式であった。

キニ16

番号	配置区	旧番号	改造		廃車年月日	備　考
			工場	年月日		
1	水ミト	キハ19 1	多度津	39. 9		キユニ19 1へ改造
2	〃	キハ19 3	〃	39. 9		キユニ19 2へ改造
3	〃	キハ19 4	〃	39. 9		キユニ19 3へ改造
4	〃	キハ19 5	〃	39. 9		キユニ19 4へ改造

キニ16

座　席　（名）	——	台　車　形　式	DT18,DT18A
立　席　（名）	——	機　関　形　式	DMH17
自　重　（t）	35.2〜36.6	出力（PS）/回転数（PPM）	160/1500
郵便室荷重（t）	——	ブ　レ　ー　キ　装　置	DA1同期駆動装置付
郵　袋　数	——	最　高　速　度（km/h）	95
荷物室荷重（t）	11	照　明　方　式	
台　枠　形　式	UF213	備　考	

空欄は不明　——は記載事項なし

■キニ16 2

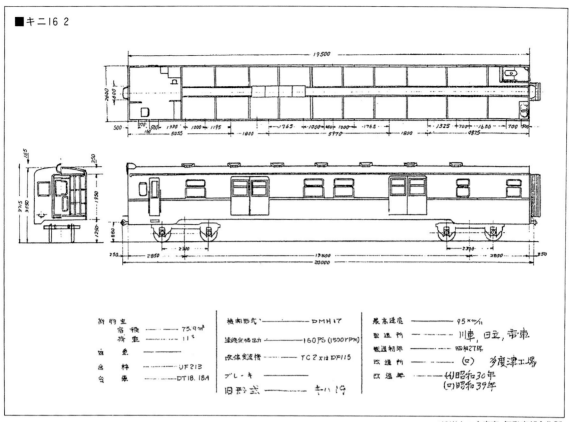

附物室		
	客積 ―――― 75.9㎡	
	荷重 ―――― 11 t	
自重 ――――――	
色粋 ―――――――― UF213	
台車 ―――――――― DT18.18A	

機関形式 ――――――――― DMH17		
連続定格出力 ――――― 160 PS (1500rpm)		
改体変連横 ――――― TC2 x1= DF115		
ブレーキ ―――――――		
旧形式 ―――――――― キハ19		

最高速度 ――――――― 95 ㎞/h	
製造所 ―――――――― 川車,日立,帝車	
製造初年 ―――――――― 昭和27年	
改造所 ――――――― (ロ) 多度津工場	
改造年 ―――――― (イ)昭和30年	
	(ロ)昭和39年

※鉄道友の会客車・気動車部会作製。

■キニ19 1

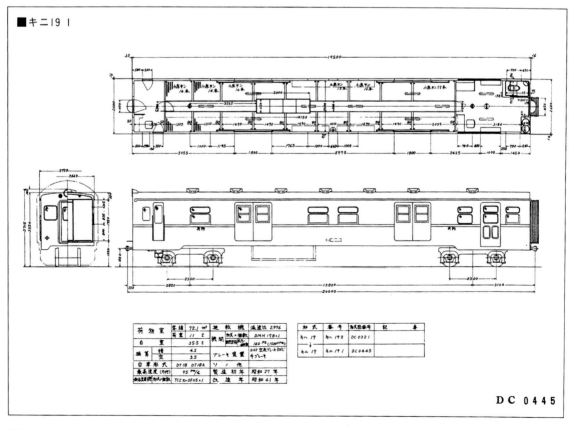

荷物室		容積	72.1 ㎡		連機械	減速比 2.976				形式	番号	旧気図番号	記 事	
		荷重	11 t		機関	形式・個数	DMH17B×1			キハ 19	キハ 192	DC0321		
		自重	35.5 t				160 PS (1500rpm)			キニ 19	キニ191	DC0445		
	換算	積	4.5											
		空	3.5			ブレーキ装置	DAD 空気ブレーキ+手ブレーキ							
	台車形式		DT18 DT18A		ソノ他									
	最高速度(カハ)		95 ㎞/h		製造初年		昭和27年							
	連結装置(カハ+個数)		TC2 R= DF115×1		改造年		昭和41年							

DC 0445

キニ19 1　5輌いたキハ19のうち4輌はキニ16に改造されたが、残る1輌は昭和41年にキニ19に改造された。キニ16に比べると運転台が狭くなり、後位側の客用扉が残されたぐらいで、基本的には大きな変更点はなかった。前面には四国オリジナルの補強が入っている。　1978.8　高松　P：原　将人

5-5　キニ19形

荷物ディーゼル動車

　昭和28年に製造された電気式の中間車キハ44200形の改造車キハ19形の再改造車で、キニ16形に改造されずに最後まで残った1輌キハ19 2を昭和41年に荷物車へ改造、キニ19形として登場した。

　キニ16形同様キハ19形の2位側の運転台を新設したが、キニ16形よりやや狭くなっている。種車が中間車であったため、正面は切妻の貫通形となった。

　側面には1800mm幅の両開き引戸を設けているが、後位の旧客室用の出入口は残しており、キニ16形と外観が若干異なっている。

　この後位側車体の約1/4は仕切リを設け、事務机が備えられ事務室としている。便所、水タンクはキハ19時代のまま残し使用した。

　その後の増備もなく、1形式1輌の車で終始し、高松へ配置され、その後移動される事もなく昭和54年6月廃車となった。

キニ19

番号	配置区	旧番号	改造		廃車年月日	備　考
			工場	年月日		
1	四カマ	キハ19 2	多度津	41. 6. 8	54. 6.27	

キニ19

座　　席　　（名）	——	台　車　形　式	DT18B,DT18A
立　　席　　（名）	——	機　関　形　式	DMH17B
自　　重　　（t）	35.5	出力（PS）/回転数（PPM）	160/1500
郵便室荷重（t）	——	ブレーキ装置	DA2
郵　袋　数	——	最高速度（km/h）	95
荷物室荷重（t）	11	照　明　方　式	
台　枠　形　式	UF213	備　　考	

空欄は不明　——記載事項なし

33

キユニ19 3 キニ16を再改造して郵便荷物車とした車輌。後位側を郵便室とし、区分室となった部分の窓は埋められている。当初は全て千葉気動車区に配置された。なお、キユニ19 3は旧電気式気動車の流れをくむ最後の1輌でもあった。　　　　　　　　1966.7.3　千葉気動車区　P：豊永泰太郎

5-6 キユニ19形

郵便荷物ディーゼル動車

常磐線で使用されていたキニ16形を、昭和40年9月に新小岩工場で改造した形式である。

車体の中央を仕切り、前位運転室側を荷物室、後位側を郵便室に改造している。荷物室前位には小間仕切を設け、事務机、腰掛け、貴重品箱等を備えた事務室がある。郵便室後位には区分棚が設けられ、妻面の便所、水タンクは当初のまま使用されていた。

外観は正面切妻の貫通形、1800mmの荷扱い扉2ケ所等、キニ16形当時と変わりが無いが、後位の郵便区分棚の窓は埋め込まれ〒マークが表示されている。

この車輌は、昭和28年に製造された2扉の中距離用の中間車キハ44200形から、キハ19形→キニ16形→キユニ19形へと3回改造が行なわれた。

なお、昭和57年6月に岡山に配置となっていたキユニ19 3が廃車されたのを最後に、電気式からの改造車は全て姿を消してしまった。

キユニ19

番号	配置区	旧番号	改造		廃車年月日	備　考
			工場	年月日		
1	千チハ	キニ16 1	新小岩	40.9	54.6.8	
2	〃	キニ16 2	〃	40.9	55.12.17	
3	〃	キニ16 3	〃	40.9	57.6.11	
4	〃	キニ16 4	〃	40.9	55.6.2	

キユニ19 1〜4

座　席　（名）	——	台　車　形　式	DT18B,DT18A
立　席　（名）	——	機　関　形　式	DMH17B
自　重　（t）	36.6	出力(PS)/回転数(PPM)	160/1500
郵便室荷重（t）	3	ブ　レ　ー　キ　装　置	DA2同期駆動装置付
郵　袋　数	250	最　高　速　度　（km/h）	95
荷物室荷重（t）	5	照　明　方　式	白熱灯およびケイ光灯
台　枠　形　式	UF213	備　　考	

空欄は不明　——は記載事項なし

■キユニ19 1〜19 4

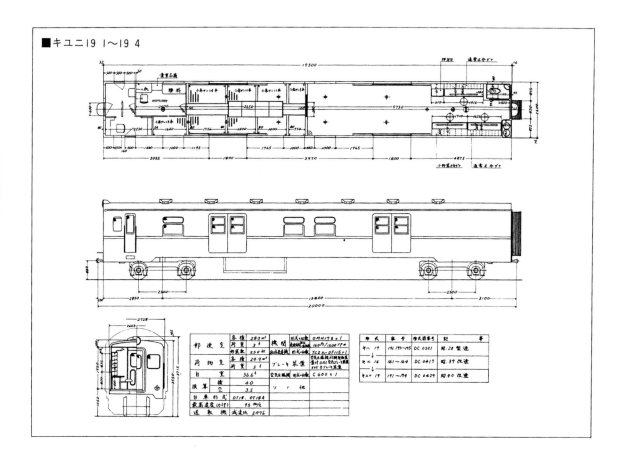

キユニ19 4　元々はキハ19を種車としているため、電気式気動車時代の面影も見られる。そのひとつが屋根上のガーランド型ベンチレーターである。また、台車もDT18のままで、直角カルダン駆動方式で主電動機を装架していた頃から変更はない。　　　　1966.7.3　千葉気動車区　P：豊永泰太郎

6．10系改造車（前編）

総括制御ができる気動車を開発するため、昭和11年にスウェーデンより技術導入をした液体変速機の試作を開始したが、第二次世界大戦により中断された。

これまでの機械式気動車は編成運転の場合、各車輛に機関士が乗務し、先頭車の合図により協調運転を行なっていたため、多くの車輛の編成は困難であった。戦後昭和26年より液体変速機の本格的試験を再開し、昭和27年に振興造機において生産が開始された。

この液体変速機の完成により、総括制御が可能となった液体式気動車は、昭和28年3月キハ44500形が試作され実用化の第一歩を踏み出すことになる。

総括制御の気動車は、前年の昭和27年電気式キハ44000形が製作されていたが、電気式、液体式を比較した場合、経済性で液体式が優位とされ、以後国鉄では液体式を採用する事となった。

液体式気動車の量産車として昭和28年10月キハ45000形（キハ17形）がまず登場した。

形態は試作車とは異なって、正面貫通形となり、2扉オールクロスシート車であったが、車体は客車や電車よりひとまわり小さく、座席等車内設備は簡素な構造であった。

これらの気動車は昭和32年までに9形式732輛が量産され、国鉄線の無煙化の推進役となった。

なお、気動車は当時、5桁の形式番号を使用していたが、昭和32年4月1日車両称号規定の一部が改正され、2桁の形式となりいずれも10代形式を付番され10系気動車と呼ばれるようになった。

しかし、キハ20系、55系等の登場により昭和36年頃より一部が荷物車、郵便車に改造され始め、昭和52年頃より老朽化による廃車も急速に進み、昭和59年にキニ55形の廃車を最後に10系気動車は消滅した。

■昭和32年　称号改正対照表

旧形式	新形式	輛数	記　　　事
キハ44000	キハ09	15	電気式，非貫通、片運，三扉，便所なし
キハ44500	キハ15	4	非貫通，片運，三扉，便所なし
キハ45000	キハ17	402	片運，便所付
キハ45500	キハ16	99	片運，便所なし
キハ46000	キハ18	31	中間車，便所なし
キハ48000	キハ11	74	両運，便所付，内11輛寒地向
キハ48100	キハ10	70	両運，便所なし
キハ48200	キハ12	22	両運，便所付，北海道向
キロハ47000	キロハ18	8	中間車，便所化粧室付
キハ44600	キハ50	2	2基機関試作車，片運，便所なし
キハ44700	キハ51	20	2基機関，片運，便所付
キハユニ44100	キハユニ16	10	元電気式，非貫通，便所なし
キハ44200	キハ19	5	元電気式，中間車，便所付

6-1 キハユ15形

2等郵便ディーゼル動車

種車は昭和29年、31年に国鉄気動車では初の優等車として製作され、準急列車で使用された2・3等合造車キロハ18形（旧形式キロハ47000形）で、昭和36年3月多度津工場で改造し6輛が誕生した形式である。

キロハ18形は全部で8輛製作されたが、同時期に他の2輛はキニ15形（6-3項参照）に改造されている。

改造内容は旧ロ室側妻面の便所、洗面所を撤去して運転台を設け、出入口は埋込み、ロ室側を郵便室としたもので、ハ室寄りに郵便区分棚や押印台を設けた。

窓は前位1ケ所が残るだけとなり、1000mm幅の荷扱い扉が新設されている。ハ室の座席、出入口はそのまま使用されていた。

正面は中間車改造のため、非貫通形の切妻で、窓は細い柱の3枚連窓風となり独特のスタイルとなった。

落成後は高松へ5輛、和歌山へ1輛が配置され、予讃本線、紀勢本線で使用されていた。しかし、非貫通の2等郵便合造車は運用上難点があり、早くも翌年10月には1輛がキユニ15形（6-2項参照）へ改造され、ついで昭和39年2月までに4輛が同形に改造された。キユニ化を免れたキハユ15 4は、昭和38年に高松から亀山へ転出し、昭和53年10月までその姿をとどめていた。

キハユ15 4　キロハ18を種車とした珍しい2等郵便合造車。旧2等席部分には扇風機があった関係でドームがある。前面は切妻の非貫通スタイル。昭和38年度までに亀山へ転属した1輌を除いてキユニ15へと改造されている。

1964.1.4　高松　P：豊永泰太郎

■キハユ15 1

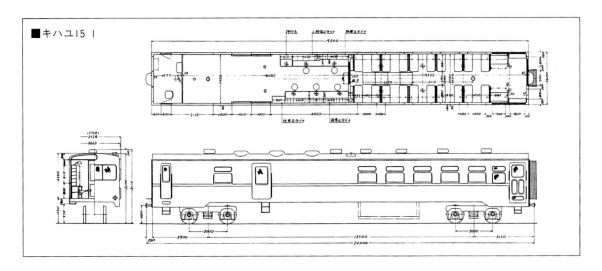

キハユ15

番号	配置区	旧番号	改　造		廃車年月日	備　考
			工場	年月日		
1	四カマ	キロハ18 1	多度津	36. 3.31		キユニ15 2へ改造
2	天ワカ	キロハ18 2	〃	36. 3.18		キユニ15 1へ改造
3	四カマ	キロハ18 3	〃	36. 2.17		キユニ15 3へ改造
4	四カマ	キロハ18 6	〃	36. 2.23	53.10.20	
5	四カマ	キロハ18 7	〃	36. 3.29		キユニ15 4へ改造
6	四カマ	キロハ18 8	〃	36. 3. 9		キユニ15 5へ改造

キハユ15

座　席　　（名）	44	台　車　形　式	DT19,TR49
立　席　　（名）	6	機　関　形　式	DMH17C
自　重　　（t）	30.0	出力（PS）/回転数（PPM）	180/1500
郵便室荷重（t）	5	ブ　レ　ー　キ　装　置	DA1同期駆動装置付
郵　袋　数	400	最高速度（km/h）	95
荷物室荷重（t）	——	照　明　方　式	白熱灯
台　枠　形　式	UF227	備　　　考	4〜6は30m/m最大幅が広い

空欄は不明　——は記載事項なし

加太を越えるキハユ15。四国から1輌だけ飛び抜けたキハユ15 4は関西
本線で活躍を続けていた。その独特なスタイル、そして〝キハユ〟とい
う珍形式も昭和53年10月で見納めとなった。
　　　　　　1972.2.9　加太－中在家　P：長谷川　章

キユニ15 2　キハユ15を昭和37〜39年に再改造した車輌。後位側に荷物用扉が設けられたほか、窓埋めも施工された。後位側の出入扉は種車のものを活かしている。キユニ28が置き換え用として投入されると活躍は狭まり、昭和56年に形式消滅した。
1976.3.20　P：伊藤威信

6-2 キユニ15形

郵便荷物ディーゼル動車

　キロハ18形からの改造車キハユ15形の再改造車で、昭和37年10月キユニ15 1が落成、昭和39月3月までに5輌が多度津工場で改造され全車高松へ配置された。

　運転台、前位郵便室の改造は行なわず旧来のままとし、旧ハ室側が荷物室に改造された。後位の出入口と戸袋部の他2ケ所の窓を残してそれ以外は埋込まれ、

荷物室中央部に1800㎜幅の荷扱い用の両開き扉を新設している。後位には仕切りを設け、机、イス、貴重品棚等を備えた乗務員室が設置されている。

　この車の登場により機械式の郵便荷物車キユニ07形（3-2項参照）は逐次置き換えられていった。

　なお、郵便室側の屋根上にある3ケ所の突起はキロハ18形のロ室側の扇風機取付部分で、車高の低い10系気動車での扇風機取付は乗客に圧迫感を与えるため、これをやわらげるよう考慮されたものである。

キユニ15

番号	配置区	旧番号	改造		廃車年月日	備　　考
			工場	年月日		
1	四カマ	キハユ15 2	多度津	37.10.27	53. 5.11	
2	四カマ	キハユ15 1	〃	39. 3.27	55. 5. 6	
3	四カマ	キハユ15 3	〃	39. 2.28	55. 8.28	
4	四カマ	キハユ15 5	〃	39. 2. 1	55. 3. 7	
5	四カマ	キハユ15 6	〃	38.10.31	56. 5. 1	

キユニ15

座　席　　　（名）	——	台　車　形　式	DT19，TR49
立　席　　　（名）	——	機　関　形　式	DMH17B
自　　重　　（t）	30.0	出力(PS)/回転数(PPM)	160/1500
郵便室荷重　（t）	3	ブレーキ装置	DA1同期駆動装置付
郵　袋　　数	264	最高速度　（km/h）	95
荷物室荷重　（t）	5	照　明　方　式	白熱灯
台　枠　形　式	UF227	備　　　　考	

空欄は不明　——は記載事項なし

■キユニ15 1〜15 5

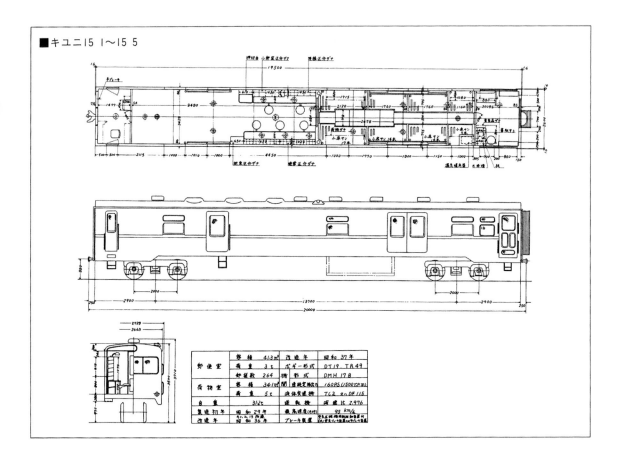

	容積	41.3㎡	改造年	昭和37年
郵便室	荷重	3t	ボギー形式	DT19.TR49
	郵袋数	264	機形式	DMH17B
荷物室	容積	34.1㎡	機関連続定格出力	160PS(1500rpm)
	荷重	5t	液体変速機	T62 又は DF115
	自重	31/2t	変速機	変速比 2.976
製造初年	昭和29年		最高速度(許可)	95km/h
改造年	昭和36年		ブレーキ装置	

キユニ15 1の荷物室。中央の荷物室より前位寄を見通した様子。区分室内の丸椅子が見えている。

1977.4　P：手塚一之

キニ15 2　キハユ15と同様にキロハ18を種車とした荷物車である。キハユ15とは異なり、旧3等(ハ)室側の妻面に運転台を新設している。側面には両開きの荷物扉が新設された。便所と水タンクについては種車のものをそのまま使用していた。　　　　　1975.1　高松運転所　P：手塚一之

6-3　キニ15形

荷物ディーゼル動車

　昭和35年頃には全国にディーゼル化が進み、客車列車は減少し郵便や小荷物輸送もディーゼル化が必要となった。そんな状況の中で当時優等気動車は大型車体のキロハ25、キロ25等が新製され始め、10系のキロハ18形が乗客サービスの面でも格差が広がり、中間車であるため運用上の不便さもって、これを郵便車、荷物車へ改造する事となったものである。キロハ18形は8

輌全部が高松へ集められ、昭和36年3月多度津工場で2輌がキニ15形へ改造された。

　気動車ではキニ05形(3-3項参照)に続く全室荷物車となったが、キハユ15形とは反対に旧ハ室側妻面に運転台を新設した片運転台車で、前面はキハユ15形と同じスタイルの切妻3枚連窓風となった。側面には両開きの荷扱扉が設けられ、客室窓は後部戸袋部を含め4ケ所が残るだけとなり、他の窓は埋込まれている。後部の出入口扉は旧ロ室のもので出入口付近は仕切りを設け乗務員室となっている。

キニ15

番号	配置区	旧番号	改　造		廃車年月日	備　　考
			工場	年月日		
1	四カマ	キロハ18 4	多度津	36. 3.24	56.10.12	
2	四カマ	キロハ18 5	〃	36. 3.24	54. 6.27	

キニ15

座　席　　（名）	——	台　車　形　式	DT19,TR49
立　席　　（名）	——	機　関　形　式	DMH17C
自　　重　　（t）	30.0	出力(PS)/回転数(PPM)	180/1500
郵 便 室 荷 重（t）	——	ブ レ ー キ 装 置	DA1同期駆動装置付
郵　　袋　　数	——	最 高 速 度（km/h）	95
荷 物 室 荷 重（t）	11	照　明　方　式	白熱灯
台　枠　形　式	UF227	備　　　考	

空欄は不明　——は記載事項なし

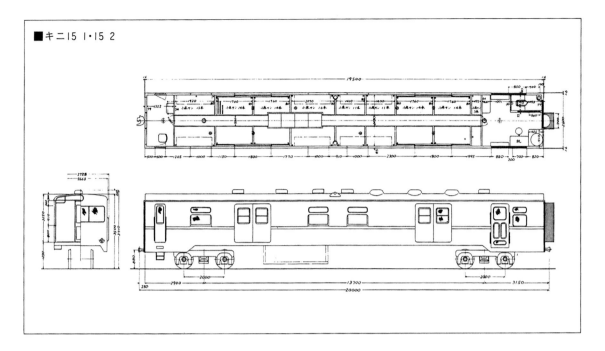

■キニ15 1・15 2

妻側にあった洗面所は撤去されたものの、便所と水タンクはそのまま残り使用されていた。

2輌とも高松に配置されて四国内で使用され、時には片運車でありながら単行運用も行なわれた。

昭和54年に1輌、昭和56年に残る1輌も廃車となり形式消滅してしまった。

なお、キロハ18形を種車とするキハユ15、キユニ15、キニ15の3形式は、同形態の切妻タイプとなっているが、四国に配置されたグループは、後年踏切障害に対処するため、井桁状の前面補強を行なっているのが特徴である。

キニ15の荷物室。後位側より前位側を見通した様子。床板にはタテ型機関特有の点検ブタが設けられている。　1981.9　P：野村一夫

キニ15 1　四国内は道路事情の影響などもあり、鉄道による郵便荷物輸送のシェアが高かった。このため、独特のスタイルをした改造車輌の宝庫にもなっていた。写真のキニ15 1もその1輌で、晩年には朱色5号に塗られながらも活躍した。
　　　　　　　　　　　　　　　　　　　　　1977.5.3　高松運転所　P：豊永泰太郎

キハニ15 1 キハ10系のうち、唯一の3等中間車であったキハ18を種車とした車輌。新設された運転台は切妻の貫通スタイルである。側窓はあまり埋められていない。当初は和歌山に配置されていたが、昭和42年に新潟に転属となっている。廃車は昭和53年である。　1969.10　新潟　P：手塚一之

6-4 キハニ15形

2等荷物ディーゼル動車

　昭和29年に新製された10系気動車の中間車キハ18形唯一の改造車である。

　昭和39年1月高砂工場でキハ18 21を改造し誕生したもので、前位側に運転台を設け半室を荷物室に改造している。前面は種車が中間車であったため、切妻の貫通形となったが、貫通扉の窓位置が高く一般形とはやや異なる。

　車体中央部の排気管部に仕切を設け、後位が客室となっており座席配置の変更は行なわれていない。

　外観は、運転席側面に小窓が設けられ、乗務員室扉は左右の位置が異なっている。荷物室用扉は前位寄リに1000mm幅の引戸が新設された。

　落成後和歌山に配置されたが昭和42年9月新潟へ移動し、昭和53年12月廃車となった。

　なお、キハ18形は中間車であったため、運用上の不便さもあり荷物車等への改造も計画されていたが、結局この1輌にとどまった。

キハニ15

番号	配置区	旧番号	改　造		廃車年月日	備　　考
			工場	年月日		
1	天ワカ	キハ18 21	高砂	39. 1.	53.12.19	

キハニ15

座　席　（名）	48	台　車　形　式	DT22B,TR51A
立　席　（名）	10	機　関　形　式	DMH17C
自　　重　　（t）	31.3	出力(PS)/回転数(PPM)	180/1500
郵便室荷重（t）	──	ブ　レ　ー　キ　装　置	DA1同期駆動装置付
郵　袋　数	──	最　高　速　度　（km/h）	95
荷物室荷重（t）	5	照　明　方　式	白熱灯
台　枠　形　式	UF225	備　　　考	

空欄は不明　──は記載事項なし

キハユニ17 1　強力型の試作車キハ50を種車とした車輌。車体長が22mもあるロング車体が特徴。キハユニ17に改造する際に機関を1基とした。キハユニ17 2は新潟地震の際に陸橋の下敷きとなり廃車。キハユニ17 1は厚狭に転属して昭和55年に廃車となった。　　　　1974.11　新潟　P：手塚一之

6-5 キハユニ17形

2等郵便荷物ディーゼル動車

　10系気動車の勾配線区用として昭和29年に製造され、駆動機関を2基搭載した強力型の試作車キハ50形（旧形式キハ44600形）を改造した車輌である。

　このキハ50形は床下へDMH17B機関を2基搭載したため、床下のスペースを確保する必要から車体長が22mとなり、前後の台車中心間距離がキハ17形より2mも長く、台車中心間距離が15.7mとなって運転線区も限定される結果となった。以上をふまえて試作車は2輌で終わってしまった。

　この2輌が昭和36年名古屋工場でキハユニ17形へ改造され、同時に機関も1基となった。

　車体中央部に仕切リを取付け、後位を客室としてそのまま使用されていた。前位半室の運転台寄リから荷物室、郵便室となり、それぞれに1000mm幅の荷扱い扉が設けられ、窓は荷物室に1ケ残るのみとなったので、余計に車輌の長さを感じさせる姿であった。

　2輌とも落成後は新潟へ配置されていたが、キハユニ17 2は昭和39年6月16日新潟地震により落下してきた陸橋の下敷きとなり、大破して廃車となってしまった。残ったキハユニ17 1は昭和49年に厚狭へ移動したが、昭和55年5月廃車となり、本形式は形式消滅した。

キハユニ17

| 番号 | 配置区 | 旧番号 | 改　造 | | 廃車年月日 | 備　　考 |
			工場	年月日		
1	新ニイ	キハ50 1	名古屋	36. 4.13	55. 5.29	
2	新ニイ	キハ50 2	〃	36. 3.11	39. 8. 8	

キハユニ17

座　席　（名）	48	台　車　形　式	DT19A,TR49
立　席　（名）	12	機　関　形　式	DMH17C
自　重　（t）	36.0	出力(PS)/回転数(PPM)	180/1500
郵便室荷重（t）	3	ブレーキ装置	DA1同期駆動装置付
郵　袋　数	231	最高速度（km/h）	95
荷物室荷重（t）	3	照　明　方　式	白熱灯
台　枠　形　式	UF226	備　　考	

空欄は不明　——は記載事項なし

キハユニ18 1　便所なしの片運転台車であるキハ16を種車とした車輌。外観上は前述したキハユニ17を短くしたスタイル。昭和41年度に8輌が改造されたが、後にキユニ18に再改造されたものもある。改造車とは思えない均整のとれた姿が特徴であった。　　　　　　　1969.11　新潟　P：手塚一之

6-6 キハユニ18形

2等郵便荷物ディーゼル動車

　キハ16形から改造された車輌である。種車のキハ16形は昭和28年から昭和29年までに99輌が製造されたキハ17形の便所設備のない車輌で、この部分はロングシートとなっていて定員増がはかられていた。

　この内の8輌が、昭和41年と42年に新津、郡山、土崎、後藤、幡生の国鉄工場でキハユニ化改造された。

　車体中央部の排気管部に仕切りを設け、前位半室が荷物室、郵便室となり、後位半室が客室のまま残された。この際出入口より窓2ケ分までロングシートが延ばされ、出入口付近の混雑緩和がはかられている。

　運転室は若干広げられ、小机が設置された。荷物室、郵便室には各々1000mm幅の荷扱い用の引戸が設けられ、荷物室の窓が1ケ所残されたが、郵便室には窓はなくキハユニ17形と同じタイプとなった。

　配置は新潟、盛岡、郡山、岡山、小郡、浜田等に分散されていたが、昭和44年には早くも2輌がキユニ18形（後述）へ改造が行なわれ、昭和47年3月までに合計6輌がキユニ18形へ改造された。残った2輌は昭和50年と54年に廃車となり姿を消した。

キハユニ18

番号	配置区	旧番号	改造		廃車年月日	備　考
			工場	年月日		
1	新ニイ	キハ16 32	新　津	41. 1.15		キユニ18 3へ改造
2	盛モカ	キハ16 49	土　崎	41.10.22		キユニ18 4へ改造
3	盛モカ	キハ16 50	土　崎	41. 9.30	54.10.29	
4	米ハマ	キハ16 77	後　藤	41. 9.24		キユニ18 1へ改造
5	広コリ	キハ16 85	幡　生	41. 8.31		キユニ18 5へ改造
6	仙コリ	キハ16 38	郡　山	42. 1.17	50. 9.10	
7	仙コリ	キハ16 39	土　崎	41.12. 8		キユニ18 6へ改造
8	岡オカ	キハ16 66	後　藤	41.12.28		キユニ18 2へ改造

■キハニ15 1

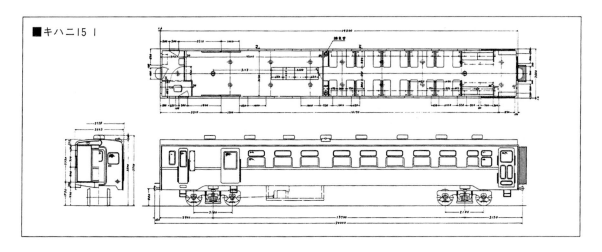

■キハユニ17 1

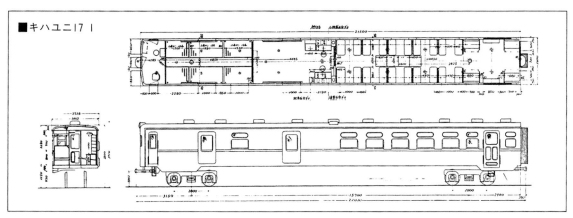

■キハユニ18 1

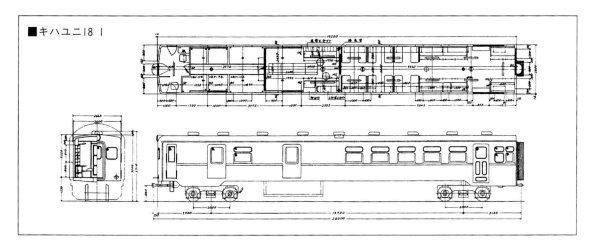

キハユニ18

座　　席　（名）	42	台　車　形　式	DT19, TR49
立　　席　（名）	24	機　関　形　式	DMH17C
自　　重　（t）	32.0	出力（PS）/回転数（PPM）	180/1500
郵 便 室 荷 重（t）	1	ブ レ ー キ 装 置	DA1同期駆動装置付
郵　　袋　　数	100	最 高 速 度（km/h）	95
荷 物 室 荷 重（t）	3	照　明　方　式	白熱灯およびケイ光灯
台　枠　形　式	UF224	備　　　　考	

空欄は不明　──は記載事項なし

キハユニ18を先頭にした山陰本線普通列車。10系、58系、そして55系。様々な形式が一つの編成に入っているのも、気動車列車の楽しみの一つであった。　1978.12.26　山陰本線伯耆大山―米子　Ｐ：RGG

キユニ18 1　キハ16を種車としたキハユニ18を、さらに改造したのがキユニ18である。1と2は前位側に郵便室があり、後位側が荷物室となっている。便所と水タンクは改造時に新設されたもの。郵便荷物扉の新設や窓埋めなどによりキハユニ18時代の面影はない。　1975.8.27　岡山　P：片山康毅

6-7 キユニ18形

郵便荷物ディーゼル動車

■キユニ18 1〜18 2

　元キハ16形からの改造車キハユニ18形（6-6項参照）の再改造車で昭和44年に登場している。

　前位半室が郵便室、後位半室が荷物室となり、荷物室の後部には仕切のある乗務員室が設けられ、妻面には便所、水タンクが新設されている。

　外観はキハユニ18形とは大幅に変更され、郵便室に1300mm幅、荷物室には1800mm幅の荷扱い用両開き引戸が設けられた。後部の乗務員室扉は便所設置により左右非対称となっている。

■キユニ18 3〜18 6

　昭和46年度の増備車で、前述の車輌とは郵便室と荷物室が逆の配置となり、前位が荷物室、後位が郵便室である。郵便室には窓が無くなり、代わりに幕板部に2ケ所横形の明かり取り窓が取付けられ窓配置等タイプが異なっている。

　キユニ18形は昭和57年7月に最後の2輌も廃車となり形式消滅した。

キユニ18 6　昭和46年度に改造された3〜6は前位側に荷物室があり、後位側が郵便室となっている。外観上は郵便室部分の窓が埋められ、幕板部に2ケ所明かり取り窓が設けられた。キユニ18は主に中国地方で使用されたが、昭和57年までに形式消滅している。　1975.10.5　姫路　P：藤井　曄

キユニ18

番号	配置区	旧番号	改造		廃車年月日	備　　考
			工場	年月日		
1	米ヨナ	キハユニ18 4	幡　生	44. 9.29	57. 7.14	
2	米ヨナ	キハユニ18 8	〃	44. 9.29	57. 7.14	
3	旭フカ	キハユニ18 1	旭　川	47. 3.13	54. 3.24	
4	岡オカ	キハユニ18 2	幡　生	46.	55. 7.19	
5	米キス	キハユニ18 5	〃	46.11.30	56.11. 5	
6	岡オカ	キハユニ18 7	〃	47. 1.28	56. 2.20	

キユニ18

座　席　(名)	──	台　車　形　式	DT19,TR49
立　席　(名)	──	機　関　形　式	DMH17C
自　重　(t)	32.3～33.8	出力(PS)/回転数(PPM)	180/1500
郵便室荷重 (t)	4	ブ　レ　ー　キ　装　置	DA1A
郵　袋　数	255	最　高　速　度　(km/h)	95
荷物室荷重 (t)	5	照　明　方　式	白熱灯およびケイ光灯
台　枠　形　式	UF224	備　　　　考	

空欄は不明　──は記載事項なし

■キユニ18 1・18 2

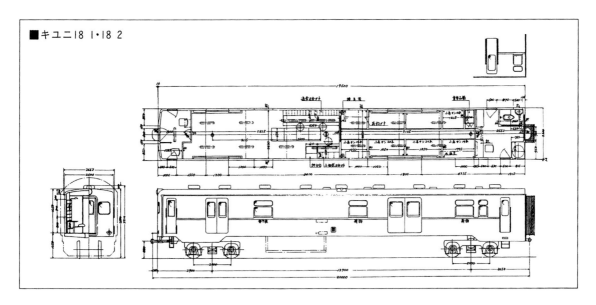

■キユニ11 1・11 2

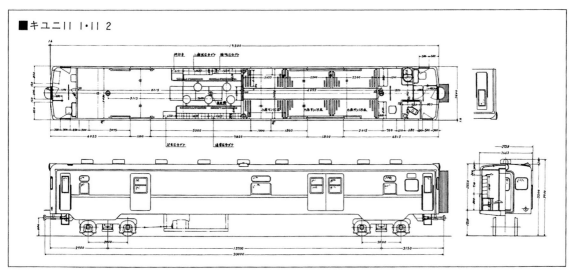

キユニ11 2　便所付き両運転台車であるキハ11を種車とした郵便荷物気動車。改造は大掛かりで、客用扉を埋めて郵便用と荷物用の扉を新設したほか、キハ11時代の窓は中央の1箇所を残して全て埋めた。昭和56年にキユニ11 3が廃車となり形式消滅した。　1974.8.4　千葉気動車区　P：伊藤　昭

6-8 キユニ11形

郵便荷物ディーゼル動車

　昭和31年に製造された両運転台付キハ11形の改造車で、10系では唯一の両運転台付の郵便荷物車となった。

　昭和40年に2輌、昭和43年にはキハ11形の寒地向仕様車100番代から1輌が改造されている。

　車内は前位を郵便室、後位を荷物室と2分割し、荷物室側の運転台寄リに乗務員室が設けられている。便所はキハ11当時のまま残され使用されていた。

　外観は元の出入口を埋込み、窓は1ケ所を残すのみとなり、2箇の小窓は新設されたものである。郵便室側には1000mm幅の引戸が新設され、キユニ15(6-2項参照)と同じような車内構造となっていた。

　昭和55年に2輌、昭和56年に1輌が廃車となった。

キユニ11

番号	配置区	旧番号	改造		廃車年月日	備　考
			工場	年月日		
1	千チハ	キハ11 30	小倉	40. 9.18	55. 1.18	
2	千チハ	キハ11 44	〃	40. 9.11	55. 8. 1	
3	広ヒロ	キハ11 107	幡生	43. 3. 5	56.10. 2	

キユニ11 1～2

座　席　（名）	——	台　車　形　式	DT19,TR49
立　席　（名）	——	機　関　形　式	DMH17C
自　重　（t）	33.6	出力(PS)/回転数(PPM)	180/1500
郵便室荷重（t）	3	ブレーキ装置	DAIA同期駆動装置付
郵　袋　数	246	最高速度　（km/h）	95
荷物室荷重（t）	5	照　明　方　式	白熱灯およびケイ光灯
台　枠　形　式	UF230	備　考	

空欄は不明　――は記載事項なし

能登半島への郵便荷物輸送を一手に引き
受けていた七尾線には、早朝便などを含
めてキユニ26併結の列車があった。
1983.5.22　兔田　P：荒川好夫

はじめに

　昭和20年代後半から登場した10系気動車は非電化区間のローカル線で好評を得てその地位を確立し、気動車は大型20系へと移行し輸送力を増やしていった。

　更に全国の主要都市間に準急列車網を張りめぐらし、都市間到達時間を大幅に短縮した準急型キハ26・55系、長距離急行対応のキハ58系とつづき

非電化区間の輸送力向上に貢献した。しかし電化区間の伸延とともにその職場を追われ次第に淘汰され、その一部は郵便・荷物車へと改造された。

　本編では10系後編と20系以降の動きをまとめたが、改造車の常で1・2等合造車キロハ25、全室1等車キロ25、キロ28、信濃路をかよったキロ58などの優等車の中にも格下げ・改造の道を辿った

ものもあった。

　昭和33年には10系・20系で唯一新製のキハユニ25・26が登場し、昭和40年代後半にはキユニ21・26、昭和50年代にはキユニ28・キニ28・キニ58が生まれ10系車との世代交替の時期を迎えた。この他閑散線区では正式な称号も与えられず番代区分けによる簡易荷物車もみられた。

高山本線には夜行の〈のりくら〉号などを含めて、郵便荷物車を連結している列車が多かった。キユニ28は老朽化した10系改造車などの置き換えを目的として登場、高山本線では美濃太田区に配置され郵便荷物輸送が終了するまで活躍した。余談だが、線路脇に建植された電柱は電化工事に伴うものであった。結局のところ、高山本線の電化工事は中止されたまま、現在に至っている。
1984.4.13　各務原－鵜沼　P：荒川好夫（RGG）

キユニ17 1　キハ17を改造した郵便荷物電車である。前位側から郵便室、荷物室と続くスタイルで、便所と水タンクは種車のものを使用している。当初は1・2ともに高松に配置されていたが、後に1が旭川に転属となり寒地仕様車として工事を受けた。　　　　1974.6.17　旭川　P：富樫俊介

6-9　キユニ17形

郵便荷物ディーゼル動車

■キユニ17 1、17 2

　昭和41年にキハ17形より改造された。前位半室を郵便室に、後位半室を荷物室として後位妻寄リに荷扱い乗務員室を新設し、便所、水タンクはそのまま使用した。

　郵便室には1200mmの両開き扉、荷物室には1800mmの両開き荷扱扉を新設し、前位の出入口は埋込み、後位の旧出入口は荷扱い乗務員室の出入口として使用した。

　郵便室側は前位に1ケ所小窓があるのみで、荷物室側には3ケ所の窓が残されている。

■キユニ17 11～17 19

　昭和42年以降増備された車輛で種車はキハ17形であ

キユニ17 17　キユニ17 11～18は乗務員室を狭くし、その分荷物室を拡大したタイプで、荷重は5トンとなっている。七尾、高松、小郡、美濃太田、米子の各所に配置されていたが、昭和53年10月ごろまでにキユニ28などに置き換えられていった。　　　　1975.8　美濃太田運転区　P：片山康毅

る。前位に郵便室、後位は荷物室となっているが、妻寄リの荷扱い乗務員室が先のキハ17 1、17 2よりやや狭い。そのぶん荷物室を広げられ、荷重は1t増して5tとなっている。

　荷扱い乗務員室出入口は元の出入口を埋込み、妻寄リに新らたな出入口が設けられているが、便所側と水タンク側では非対象な位置となっている。

　昭和54年に郵便室幕板部に2箇の横形通風窓が増設されている。

　キユニ17 19は当初より通風窓付で落成し最後まで残っていたが、昭和57年に廃車となり形式消滅した。

キユニ17 19　米子に配置されていた車輌で、11～18より2年遅れて登場した。郵便室に長方形の窓が付くなど変化が見られる。昭和57年7月に廃車となっている。
1978年　岡山　P：片山康毅

キユニ17

番号	配置区	旧番号	改造		廃車年月日	備　考
			工場	年月日		
1	四カマ	キハ17 59	多度津	41. 5. 2	55. 6.26	
2	四カマ	キハ17 82	〃	41. 9. 5	54. 1.24	
11	金ナナ	キハ17 89	〃	42. 2.25	52. 8.19	
12	金ナナ	キハ17 78	〃	42. 6.28	52. 8.19	
13	四カマ	キハ17 121	〃	42. 9.29	54.10.23	
14	四カマ	キハ17 54	〃	42. 9.22	46. 3.20	
15	中コリ	キハ17 31	幡生	42. 7.28	53.11.27	
16	名ミオ	キハ17 190	多度津	43. 9.17	53.10.28	
17	名ミオ	キハ17 192	〃	43. 9. 3	53.10.20	
18	名ミオ	キハ17 233	〃	43. 8.17	53. 6.17	
19	米ヨナ	キハ17 176	幡生	45. 9.14	57. 7.14	

キユニ17 1,2

座　席　（名）	——	台　車　形　式	DT19，TR49
立　席　（名）	——	機　関　形　式	DMH17C
自　重　（t）	33.1	出力（PS）/回転数（PPM）	180/1500
郵便室荷重（t）	3	ブレーキ装置	DAIA同期駆動装置付
郵　袋　数	212	最高速度（km/h）	95
荷物室荷重（t）	4	照　明　方　式	
台　枠　形　式		備　考	

空欄は不明　——は記載事項なし

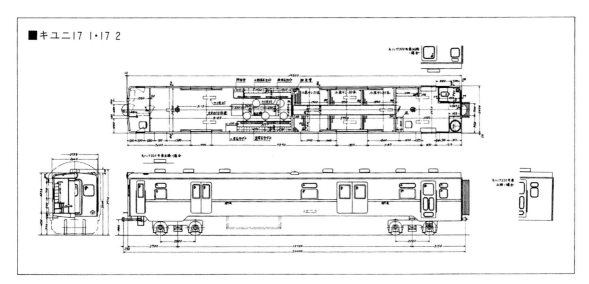

■キユニ17 1・17 2

キユニ17 11〜19

座　席	（名）	──	台　車　形　式	DT19, TR49
立　席	（名）	──	機　関　形　式	DMH17C
自　重	（t）	33.1	出力（PS）/回転数（PPM）	180/1500
郵便室荷重	（t）	3	ブ　レ　ー　キ　装　置	DA1同期駆動装置付
郵　袋　数		212	最　高　速　度　（km/h）	95
荷物室荷重	（t）	5	照　明　方　式	
台　枠　形　式			備　　　考	

空欄は不明　──は記載事項なし

■キユニ17 1〜17 15

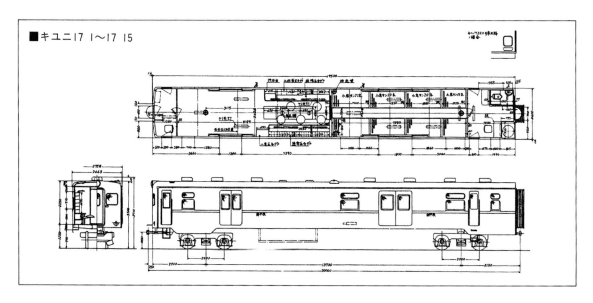

■キユニ17 16〜17 18

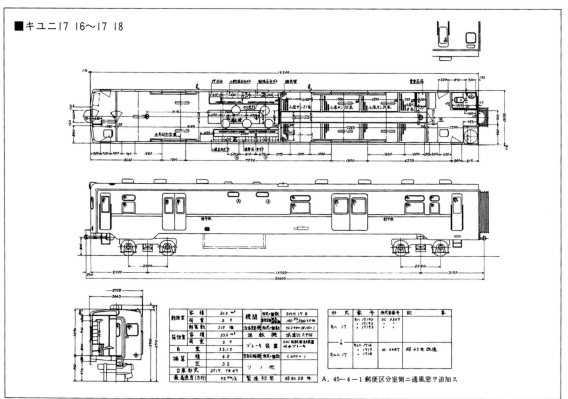

A. 45─4─1 郵便区分室側二通風窓ヲ追加ス

58

キニ17 1　キハ17を改造した荷物車で、キニ05の置き換え用として登場した。側面には2箇所の荷物扉を設けている。後位側の出入台や便所、水タンク
は種車のものを使用している。5輌とも四国内で活躍したが、昭和57年までに廃車となっている。　　　　　　　　　　　高松運転所　P：片山康毅

6-10　キニ17形

荷物ディーゼル動車

　昭和28年に製造された10系気動車キハ17形より昭和41年に4輌、昭和42年に1輌が多度津工場で改造され生まれた。

　キニ19形と同時期に改造が行なわれ、四鉄局のキニ05形（3-3項参照）の置換用として5輌とも高松へ配置された。

　全室荷物室の車輌で後位に仕切りを取付け、乗務員室を設け旧出入口を残し、乗務員室の出入口に使用し、便所、水タンクもそのまま使用した。

　室内はキニ15形、キニ19形等と同様で、側面窓は4ケ所が残り、前位出入口は埋込まれ小窓が新設されている。荷扱い扉は1800mm幅の両開き扉が2ケ所に新設され、標準的な荷物車となった。

キニ17

番号	配置区	旧番号	改　造		廃車年月日	備　　考
			工場	年月日		
1	四カマ	キハ17 61	多度津	41. 5. 2	57. 2.26	
2	四カマ	キハ17 58	〃	41. 6.28	57. 9.24	
3	四カマ	キハ17 86	〃	41. 8.18	57. 9.24	
4	四カマ	キハ17 87	〃	41. 9.30	57. 9. 6	
5	四カマ	キハ17 55	〃	42. 9. 8	57. 7.13	

キニ17

座　席　　（名）	──	台　車　形　式	DT19,TR49
立　席　　（名）	──	機　関　形　式	DMH17C
自　重　　（t）	32.5	出力(PS)/回転数(PPM)	180/1500
郵便室荷重（t）	──	ブレーキ装置	DA1同期駆動装置付
郵　袋　数	──	最高速度　（km/h）	95
荷物室荷重（t）	11	照　明　方　式	
台　枠　形　式		備　　　考	

空欄は不明　──は記載事項なし

■キ二17 1～17 5

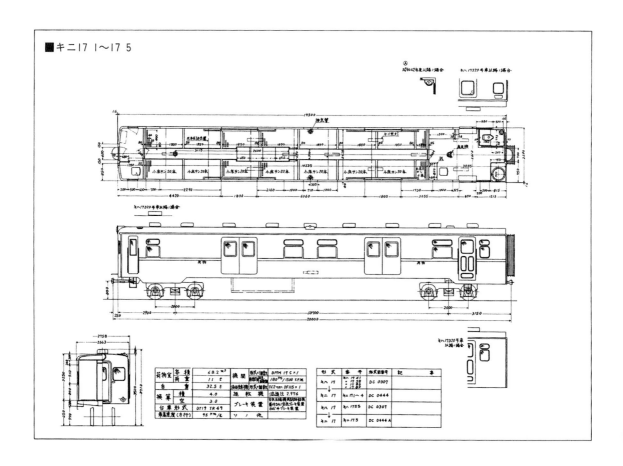

■キ二55 1～55 4

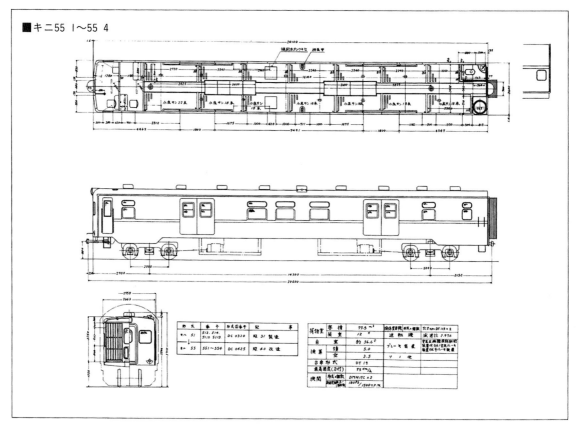

キニ55 4　キハ51を改造した強力型荷物車で、常磐線用のキニ16を置き換える目的で登場した。屋根上には常磐線用無線アンテナが取り付けられている。晩年には朱色5号となり台車をDT22に交換、ステップもカットされている。昭和59年までに廃車となった。　　　水戸機関区　P：片山康毅

6-11　キニ55形

荷物ディーゼル動車

　昭和31年に製造されたキハ51形を種車として生まれた、荷物車として初めての2基機関搭載の強力型。

　昭和40年4輛が多度津にて改造され、キニ16形（5-4項参照）の置換え用として4輛とも水戸機関区へ配置された。

　便所、水タンクを残し全室荷物室となり、運転台の後に机を置いた荷扱い乗務員室が新設され小窓が設けられているが、乗務員室用の出入口は側面に無く、運転室あるいは荷物室より出入りする構造となった。

　外観は前後の旧出入口は埋込まれ1800mm幅の荷扱い用両開き引戸が2ヶ所に新設されたが、2基機関搭載のため車長が長く、この扉間には3箇の窓が残され、荷重はキニ16、キニ17形より1t多い12tとなった。

　後に客用扉跡のステップの切り落しを施工している。

　キニ55形は10系気動車の中で最後まで残った形式であったが、昭和58年に2輛、昭和59年に残る2輛も廃車となり、国鉄からは10系気動車は姿を消した。

キニ55

番号	配置区	旧番号	改　造		廃車年月日	備　　考
			工場	年月日		
1	水ミト	キハ51 2	多度津	40. 7.16	59. 5. 8	
2	水ミト	キハ51 4	〃	40. 8.13	58. 6.17	
3	水ミト	キハ51 10	〃	40. 9. 2	58. 6.17	
4	水ミト	キハ51 13	〃	40. 9.22	59. 5. 8	

キニ55

座　　席　　　（名）	——	台　車　形　式	DT19×2
立　　席　　　（名）	——	機　関　形　式	DMH17C
自　　重　　　（t）	36.6	出力(PS)/回転数(PPM)	180/1500
郵 便 室 荷 重 （t）		ブ レ ー キ 装 置	DA1同期駆動装置付
郵　　袋　　数		最　高　速　度　（km/h）	95
荷 物 室 荷 重 （t）	12	照　明　方　式	白熱灯およびケイ光灯
台　枠　形　式		備　　　　考	

空欄は不明　——は記載事項なし

春まだ浅い山間の小駅。前掛けをした駅長が荷物受領証を受け取っている。キハユニ26は各地のローカル線で見ることが出来たポピュラーな形式で、59輌が製造された。

1981.3.26　東鳴子　P：荒川好夫（RGG）

7．20系新製および改造車

国鉄の動力近代化施策として進められていた車輌の軽量化は気動車にも及び、昭和31年には客車並の大型車体を採用した準急型キハ44800形（キハ55形）が登場した。

一般型においては、昭和32年6月に両運タイプキハ20形、片運タイプキハ25形、両運北海道向キハ21形の3形式が落成した。

さらに昭和33年に強力型両運タイプキハ52形、北海道向両運キハ22形、2等郵便荷物車キハユニ26形、北海道向2等郵便荷物車キハユニ25形の4形式が加わり大型の一般型が出揃った。

車体は小型狭幅の10系に比べ、高さ180mm、幅200mm大きくなり、出入口を車体の中寄リに寄せ（キハ22形のみ両端出入口）車内の混雑均等化をはかるとともに、戸袋部のみロングシートのセミクロスシート車となった。

キハユニを除く各形式には便所が設置され、中距離運用に備え座席ピッチは客車並となり、モケットが張られ、肘掛けも取付けられるなど、設備が改善された。

その後、増備ごとに改良が加えられ、客室窓の変更、台車の変更、車内放送設備の取付、客室照明の蛍光灯化、温水式暖房への変更等が行なわれ、昭和37年以降製作されたキハ52 100代は急行型と同じ横型機関が搭載されるに至った。

これら20系気動車は昭和41年まで製作され、総数1125輌に達し、10系と共に非電化区間の足となり活躍した。

20系では郵便荷物車への改造はキユニ21形1形式のみであるが、車内にアコーデオンカーテンや仕切リを取付け、簡易荷物車として使用された車輌がキハ21を除く各形式にあり、600番代の車号に変更し使用されていたことも特筆に値する。

7-1 キハユニ25形

2等郵便荷物ディーゼル動車

■ キハユニ25 1〜25 6

戦後の郵便荷物気動車は、全て普通車からの改造車であったが、気動車の運用区間が広がるにつれ、20系気動車の誕生とあいまって新製車の要望も高まり、昭和33年5月、初の新製2等郵便荷車として登場した。

このキハユニ25形は北海道向で、キハ21形に準じたタイプとなっており、前位から荷物室、郵便室、客室となり、便所の設備は無く、客室窓は上段固定、下段上昇式の二重窓となっている。運転室はやや広く、助士席側の側面に荷扱い乗務員の事務机が設けられ、窓が設置され、左右の窓配置、乗務員室扉の位置が異な

っている。客室の照明は白熱灯、台車はDT19C、TR49Aを使用した20系初期タイプのものであった。昭和61年3月に形式消滅している。

■ キハユニ25 7

昭和36年11月、火災により廃車となったキハユニ25 6の代替車として新製されたもので、昭和37年7月に落成した。

郵便室、荷物室は先の車輌と同様であるが、客室は車端にデッキを持つキハ22形タイプとなり、客室窓は一段上昇の二重窓となり形態が異なっている。

台車はDT22A、TR51Aを使用し、機関はDMH17C180ps/1500rpmを搭載した改良型車輌となった。比較的早く昭和56年7月に廃車となった。

キハユニ25

番　号	落　　成	製　作　所	配　　置	廃　　車
25 1	33. 5.31	帝国車輌	札トマ	61. 3.31
2	〃	〃	〃	61. 3.31
3	33. 6.10	〃	〃	56. 2.20
4	〃	〃	函ハコ	57.10.22
5	〃	〃	〃	57.10.22
6	〃	〃	旭ワカ	36.11.10
7	37. 7.17	新潟鉄工所	〃	56. 7.30

キハユニ25 5　キハ21を基本として製造された北海道用の車輌。2等郵便荷物車としては初めての新製車となった。20系でも初期のタイプであるため、上窓がHゴム支持の固定窓となっているほか、台車もDT19C（TR49A）のままである。　　　　1967.11.15　函館運転所　P：豊永泰太郎

キハユニ25 1〜6

座　席　（名）	40	台　車　形　式	DT19C,TR49A
立　席　（名）	6	機　関　形　式	DMH17C
自　重　（t）	30.5	出力(PS)/回転数(PPM)	180/1500
郵便室荷重（t）	2	ブ　レ　ー　キ　装　置	DAI同期駆動装置付
郵　袋　数	160	最　高　速　度　（km/h）	95
荷物室荷重（t）	3	照　明　方　式	白熱灯
台　枠　形　式		備　　　　　考	

空欄は不明　──は記載事項なし

■ キハユニ25 1〜25 6

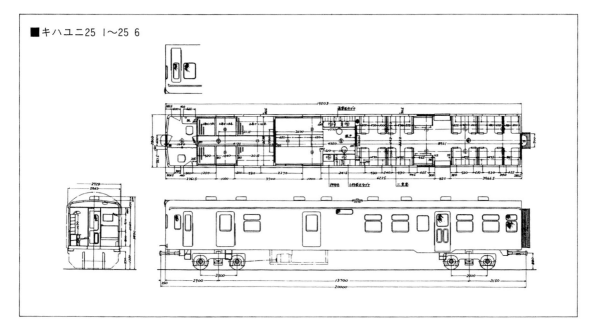

キハユニ25 7　昭和36年7月2日、天北線上音威子府駅で予熱センの吹き抜けによりキハユニ25 6が全焼した。この代替として登場したのがキハユニ25 7で、車体はキハ22をベースにした1枚窓のスマートなものとなった。昭和56年7月に廃車となった。　　　　1967.6.24　稚内　P：豊永泰太郎

キハユニ25 7

座　　席　　（名）	40	台　車　形　式	DT22A,TR51A
立　　席　　（名）	10	機　関　形　式	DMH17C
自　　重　　（t）	30.5	出力（PS）/回転数（PPM）	180/1500
郵　便　室　荷　重（t）	2	ブ　レ　ー　キ　装　置	DA1同期装置付
郵　　袋　　数	160	最　高　速　度　（km/h）	95
荷　物　室　荷　重（t）	3	照　明　方　式	白熱灯
台　枠　形　式		備　　　　考	

空欄は不明　──は記載事項なし

■ キハユニ25 7

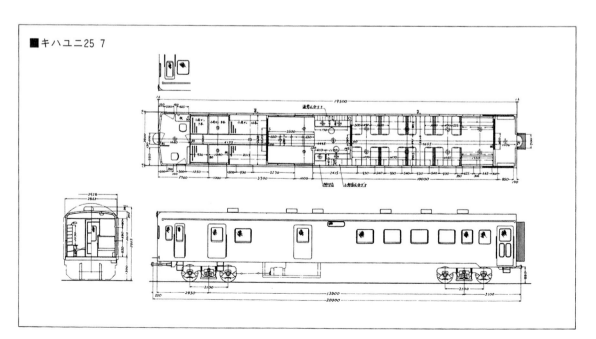

キハユニ26 39　昭和33年に登場した本州向けの2等郵便荷物車である。側窓が2段上昇式のアルミサッシとなり、台車がDT22A（TR51A）に変更となった以外は、キハユニ25とほとんど同じである。郵便荷物輸送の末期まで活躍した形式である。　　　　　　　1983.12.26　長崎機関区　P：岡田誠一

7-2 キハユニ26形

2等郵便荷物ディーゼル動車

■キハユニ26 1～26 41

　キハユニ25形に続いて昭和33年12月より登場した本州向2等郵便物車である。前位より荷物室（荷重3t）、郵便室（荷重2t）、客室（定員46名）となり、運転室助士席側の荷扱い乗務員事務机の設置、郵便区分室に扇風機の取付け等、キハユニ25形とほぼ同様であるが、客室の窓はキハ20系二次形タイプの二段上昇式となった。

　客室の照明は白熱灯を使用し、便所の設備は無く、

台車はDT22A、TR51Aとなっている。

■キハユニ26 42～26 59

　昭和37年9月以降に増備された車輌で、形態的には郵便室の上のベンチレーターの位置が多少異なる程度で大きな変化はない。しかし、客室には当初より扇風機が取付けられ、蛍光灯照明となり、台車は改良型のDT22C、TR51Bに変更される等改良が加えられている。キハ20系の他形式とは異なり番代の区別は行なわれていない。

　最後まで残っていた3輌は昭和62年2月廃車となり、形式消滅をした。

キハユニ26 1～41

座　　席　　（名）	40	台　車　形　式	DT22A,TR51A
立　　席　　（名）	6	機　関　形　式	DMH17C
自　重　　　（t）	29.9	出力(PS)/回転数(PPM)	180/1500
郵便室荷重　（t）	2	ブ　レ　ー　キ　装　置	DA1同期駆動装置付
郵　袋　　　数	160	最　高　速　度　（km/h）	95
荷物室荷重　（t）	3	照　明　方　式	白熱灯
台　枠　形　式		備　　　　　考	

空欄は不明　――は記載事項なし

キハユニ26 55　昭和37年9月以降に製造されたキハユニ26 42～は、いわゆる2次車と呼ばれるタイプである。客室には当初より扇風機が取り付けられ、天井灯も白熱灯から蛍光灯に変更されている。外観上は郵便室上部の通風器の位置が異なっている。　　1965.4.26　岡山　P：豊永泰太郎

キハユニ26 42～59

座　席　　　　（名）	40	台　車　形　式	DT22C,TR51B
立　席　　　　（名）	6	機　関　形　式	DMH17C
自　　重　　　（t）	31.1	出力(PS)/回転数(PPM)	180/1500
郵便室荷重　（t）	2	ブレーキ装置	DA1同期駆動装置付
郵　袋　　数	160	最高速度　（km/h）	95
荷物室荷重　（t）	3	照　明　方　式	トランジスタ蛍光灯
台　枠　形　式		備　　　　考	

空欄は不明　──は記載事項なし

キハユニ26

番号	落　成	製作所	配置	廃　車		番号	落　成	製作所	配置	廃　車
26 1	33.12.23	東急車輌	門ヒカラ	55. 5.27		31	35.12.23	東急車輌	金ナナ	60.10.31
2	〃	〃	熊ヒト	59. 2.29		32	36. 1.13	〃	盛モカ	61. 2.25
3	34. 1.17	〃	秋カタ	57. 2. 5		33	〃	〃		61. 2.25
4	〃	〃	〃	56. 8. 3		34	36. 1.20	〃	名ミオ	60. 5.22
5	34. 1.30	〃	仙ココ	60. 9. 2		35	〃	〃	〃	60. 5.22
6	〃	〃	盛モカ	56. 2.20		36	〃	〃		60.10.31
7	34. 2.13	〃	〃	60. 2. 7		37	37. 3.20	〃	門サキ	59. 9.19
8	〃	〃	〃	60. 7.17		38	〃	〃	〃	60. 4.24
9	34.10.20	〃	金ナナ	60. 2.28		39	〃	〃	〃	60. 4.24
10	〃	〃	〃	60. 7.17		40	37. 4.12	〃	中ミヨ	59. 4.20
11	〃	〃	門サカ	58. 6.17		41	〃	〃		59.12.27
12	〃	〃	〃	59. 7.13		42	37. 9.28	〃	盛イチ	60. 2. 7
13	34.10.30	〃	門ヒカラ	59. 6. 5		43	〃	〃	〃	61. 3.31
14	〃	〃	〃	58. 6.17		44	〃	〃		60. 7.17
15	〃	〃	〃	58. 4. 1		45	〃	〃	盛モカ	60.10.31
16	〃	〃	〃	58.11.12		46	37.10.11	〃	〃	61. 3.31
17	34.11. 7	〃	盛モカ	57.12.23		47	〃	〃	門サキ	59. 3.31
18	〃	〃	米ヨナ	59. 6. 5		48	〃	〃	〃	59. 4.20
19	〃	〃	〃	61. 3. 5		49	39. 2.29	日本車輌	熊クマ	60. 4.24
20	〃	〃	〃	59. 6.13		50	〃	〃	〃	59.11.20
21	34.12. 4	〃	盛オミ	59. 9.20		51	〃	〃	仙ココ	59.11.20
22	〃	〃	〃	61. 3.31		52	39. 8. 5	新潟鉄工所	金ナナ	61. 3. 5
23	〃	〃	〃	61. 3.31		53	〃	〃	〃	61. 3. 5
24	35.12. 9	〃	盛イチ	58. 1.28		54	39.10.17	〃	岡オカ	60. 6.20
25	〃	〃	〃	62. 2.25		55	〃	〃	〃	60. 7.11
26	〃	〃	〃	60. 7.17		56	〃	〃	〃	60. 8.15
27	〃	〃	大ヒメ	59. 2. 5		57	40. 3.31	〃	盛モカ	62. 2. 5
28	35.12.23	〃	〃	58. 7.14		58	〃	〃	〃	62. 2. 5
29	〃	〃	金タカ	59. 1.30		59	〃	〃	〃	62. 2. 5
30	〃	〃	〃	60. 6.20						

■キハユニ26 1〜26 41

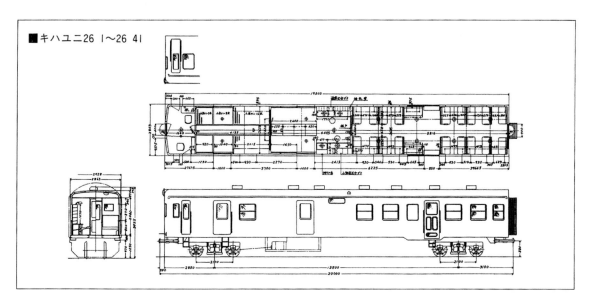

■キハユニ26 42〜26 59

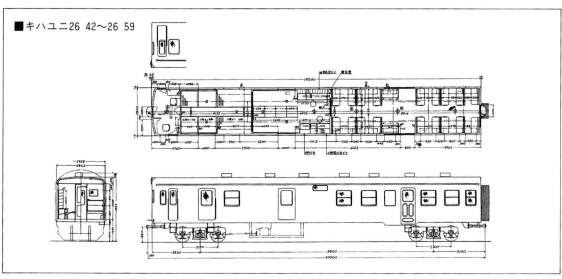

■キユニ21 1・21 2

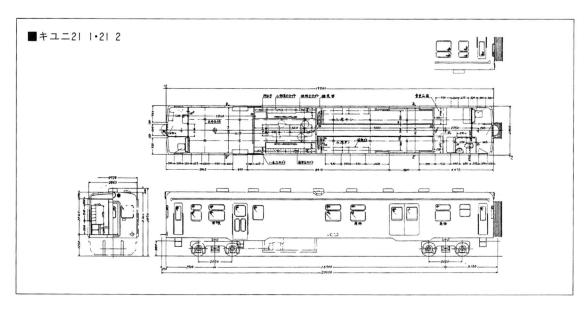

キユニ21 2　北海道用の車輌でキハ21を種車としている。10系では改造により様々な郵便荷物車が登場したが、20系ではキユニ21が唯一の改造例である。荷物扉の新設工事などが施工されているが、種車の窓や客用扉などは比較的残されている。昭和61年までに廃車となった。　旭川　P：菊池孝和

7-3　キユニ21形

郵便荷物ディーゼル動車

　20系気動車では600番代番号の簡易荷物車は多いが、形式変更が行なわれた唯一の形式で、昭和44年旭川工場で北海道形キハ21を改造して2輛が落成した。

　車内を中央で仕切リ半室を郵便室、荷物室とし、郵便室は郵袋室と区分室に分かれ仕切リが設けられた。区分室の部分の窓は埋込まれ、荷扱い扉は旧客室扉をそのまま使用している。荷物室側には1800mm幅の両開き荷扱い扉を設け、運転室寄リに荷扱い乗務員室を設置し、便所は旧来のまま使用された。台車はDT19C、TR49Aを使用している。

　当初は遠軽に配置され、その後は深川へ移動したが、昭和59年3月に1輛、昭和61年3月残る1輛も廃車となり消滅した。

キユニ21

番号	配置区	旧番号	改　造		廃車年月日	備　　考
			工場	年月日		
1	旭エン	キハ21 26	旭　川	44.10.20	59．3.10	
2	旭エン	キハ21 35	旭　川	44．9.29	61．3.31	

キユニ21

座　　席　（名）	——	台　車　形　式	DT19C,TR49A
立　　席　（名）	——	機　関　形　式	DMH17C
自　　重　（t）	35.0	出力（PS）/回転数（PPM）	180/1500
郵 便 室 荷 重（t）	6	ブ レ ー キ 装 置	DA1同期駆動装置付
郵　　袋　　数	230	最 高 速 度 （km/h）	95
荷 物 室 荷 重（t）	3	照　明　方　式	
台　枠　形　式		備　　考	

空欄は不明　——は記載事項なし

昭和28年から製作された10系気動車は、昭和31年までに飛躍的に発展し、準急列車にまで進出したが、車体が小型で、台車もDT19タイプを用いていたため客車や電車の優等列車にくらべて乗り心地は悪かった。

昭和31年、準急〈日光〉号用として客車並の大型軽量車体に赤帯を巻いた新塗装のキハ44800形（キハ55形）5輌が試作車として登場した。DMH17機関を2基搭載し、両端にデッキを持つオールクロスシート車で座席には肘掛けも取付けられ、扇風機、車内放送設備、便所、簡易手洗設備等が設けられた。また、昭和32年の量産車からは蛍光灯が採用され、台車は新形のDT22Aを使用し、接客設備、乗心地が一段と向上した。

昭和33年にはキハ55形と同じ車体に、機関を一基搭載したキハ26形、優等車のキロハ25形、昭和34年にはキロ25形も加わった。その後、増備毎に改良が実施され昭和36年までに総数489輌に達した。55系気動車の登場でこれまでの客車列車に比べ到達時間の大幅な短縮が行なわれ大好評を得た。

昭和36年に急行型キハ58形の誕生によりキハ55形の製造は打切られ、塗色も急行色に順次変更され、キハ58系と共に優等列車に活躍していた。しかし、昭和40年代に入りキロハ25形、キロ25形はグリーン室座席が回転クロスシート、非冷房等で他のグリーン車にくらべ見劣りがするため、普通車キハ26 300代、キハ26 400代に格下げされ、昭和40年代後半からは荷物車、郵便荷物車への改造も始まった。ついで昭和50年代後半からはキハ55形、キハ26形の廃車も出はじめ、その後急速に減少し、昭和62年3月31日付のキハ26 238の廃車を最後にキハ55系は系列消滅をした。

8-1 キニ56形

荷物ディーゼル動車

キハ55形の改造車で、キニ55形に続く2機関搭載の強力型である。昭和46年多度津工場で2輌、昭和49年大宮工場で1輌、昭和53年に長野工場で1輌が改造された。

種車はモデルチェンジ車の一段窓車であるが、キニ56 3はキハ55二次形の上段固定の二段窓車で、他の3輌とは窓の形が異なる。側面に2ケ所1800mm幅の荷扱い用両開き扉が設けられ、荷物室の荷重は15tと気動車では最大となっている。

前位の出入口は埋込まれ、後位には仕切リを設け荷扱い乗務員室が設置され、机、イスが備えられている。便所、手洗器、水タンク等は旧来のまま残し、旧客室の出入口は乗務員室用として使用された。

昭和62年2月までに全車廃車となっている。

キニ56 1 キハ55を種車とした強力型の荷物車である。1と2は多度津工場で改造され高松運転所に配置されていた車輌で、塗色も急行色に塗られていた。前面には四国用車輌の特徴である前面補強と、車体裾部にはミニバンパーが取り付けられている。　　　　　　　　1977.5.2　高松　P：豊永泰太郎

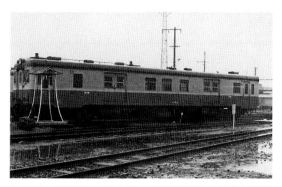

キニ56 3　大宮工場で改造した3は、種車が2次車であるため上段がHゴム支持の2枚窓であった。キニ55と共に常磐線で活躍し、晩年は朱色5号となった。　　　　　　1976.11.14　水戸機関区　P：片山康毅

キニ56 4　長野工場で改造した4は、昭和53年に飯山線用として投入された。前面には箱状の補強が施工されていて、厳めしい顔つきとなっている。　　　　　　　　1983.7　越後川口　P：斎藤　裕

キニ56

番号	配置区	旧番号	改造		廃車年月日	備　考
			工場	年月日		
1	四カマ	キハ55 141	多度津	46.10. 9	60.11.26	
2	四カマ	キハ55 216	〃	46.10.13	62. 2.10	
3	水ミト	キハ55 14	大　宮	49.12.17	61.12.18	
4	長ナノ	キハ55 159	長　野	53. 9.30	61.11.25	

キニ56 1・2・4

座　席　　（名）	──	台　車　形　式	DA22A
立　席　　（名）	──	機　関　形　式	DMH17C×2
自　　重　　（t）	39.5	出力（PS）/回転数（PPM）	180/1500
郵便室荷重　（t）	──	ブ　レ　ー　キ　装　置	DA1同期駆動装置付
郵　袋　　数	──	最　高　速　度　（km/h）	95
荷物室荷重　（t）	15	照　明　方　式	
台　枠　形　式		備　　考	旧キハ55 3次車

空欄は不明　──は記載事項なし

■キニ56 1・56 2

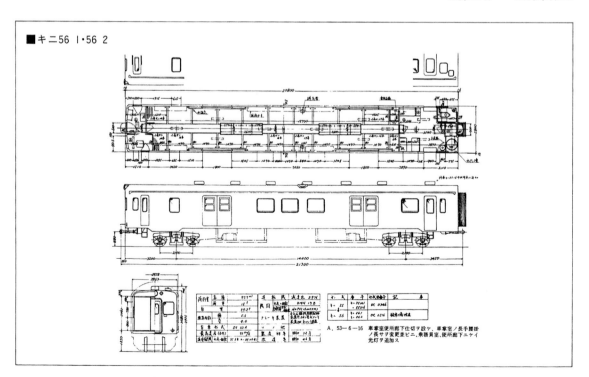

キユニ26 7　キロハ25を格下げしたキハ26 300番代を種車とした郵便荷物動車である。写真の車輌は2次車を種車としているため、側窓は1段上昇式であるが、1次車を改造した車輌は後位寄の側窓が上段Hゴム支持の2枚窓となっている。　　　　1983.12.22　鳥取　P：岡田誠一

8-2 キユニ26形

郵便荷物ディーゼル動車

　気動車の郵便荷物車ではキユニ28形に次ぐ輌数を有する形式で、昭和48年より昭和55年までに25輌がキハ26形を種車として改造され生まれた。

　種車はキハ26形ではあるが、キハ26一型・二次型、キロハ25一次型・二次型格下げのキハ26 300代、キロ25格下げのキロ26 400代と、旧3形式5種となっている。キユニ26形での番号は旧形式に関係なく通し番号がつけられており、様々な形態が見られる。

■**キユニ26 1〜26 8、26 10〜26 13、26 17**

　旧キロハ25形格下げのキハ26 300代からの改造車で、13輌が生まれている。この内キユニ26 1〜26 3、26 6の4輌は旧キロハ25一次型からの改造車で、後位の旧ハ室側の窓が二段窓となっているのが特徴。

　前位運転室の後の便所、洗面所は残され、前位側に郵便室（荷重4t）、後位側は荷物室（荷重5t）となり、後位妻面には荷扱い乗務員室がある。

　外観は前位出入口はそのまま残り、郵便区分室の上部に横形の通風を兼ねた明り窓がある。荷物室側には1800mm幅の両開き引戸が設けられ、後位の旧出入口は小形の乗務員室扉に改造されている。

■**キユニ26 9、26 14、26 18、26 23、26 25**

　キハ26形からの改造で、昭和50年より5輌が登場している。このうち、キユニ26 9、26 14、26 23はキハ26一次形からの改造で、窓が二段窓となっている。

　前位の郵便室は、キハ26 300代改造車よりやや小さく、荷重は3tとなり、郵袋室と郵便区分室は仕切りによ

り区切られている。後位は荷物室（荷重5t）で旧デッキ部の出入口扉、仕切りは残され、その内側に荷扱乗務員室が設置され、妻面の便所、手洗器、水タンクは残されている。

　前位の出入口は埋込まれ、郵便室側に1200mm、荷物室側に1800mm幅の荷扱い扉が設けられている。

■**キユニ26 15、26 16、26 19〜26 22、26 24**

　旧キロ25形格下げ車キハ26 400代からの改造で、昭和51年より昭和55年までに7輌が登場している。

　前位に郵便室（荷物4t）、後位に荷物室（荷重5t）、荷扱い乗務員室を設けた点はキハ26 300代改造車と同様である。しかし、洗面所は残されているため、荷扱い乗務員室の位置がキハ26 300代改造車とは異なり、荷物室には窓が2ケ残されている。前位の出入口は埋込まれ、後位の出入口は小形のものに改造された。荷扱い用扉は他車と同様である。

キユニ26 18　高松の18と北見の25はキハ26の2次車（1段上昇式）を種車としている。多度津で改造した18は前面補強やタブレットキャッチャー、プロテクターが目を引いた。　　　1978年　P：武辻素典

列車交換するキユニ26。高山本線などの沿線では、並行する国道の整備
が遅れていた。そのため国鉄による郵便荷物輸送が重責を担っていた。
1977.8.4　高山本線打保　P：荒川好夫（RGG）

キユニ26 10　キロハ25の2次車（キハ26 300番代）を種車とした車輛である。写真のキユニ26 10は昭和50年に多度津で改造、高知に配置された車輛であるが、すぐに美濃太田に転属して高山本線で使用された。四国時代のミニバンパーが残っている。

1975.8.10　岐阜　P：片山康毅

■キユニ26 1～26 5

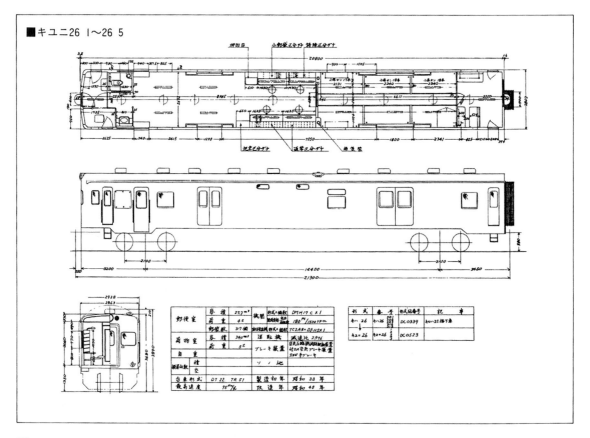

		容　積	22.7㎡	換間	形式×組数	DMH17C×1
郵便室	荷　重	4t	機関特性	最大出力	180㎰/1300rpm
	郵客数	27個	液体変速機 形式×組数	TC2A×・DF115×1
	荷物室	容　積	3.40㎡	液　転　換	減速比 2.976
	荷　重	5t	ブレーキ装置	鉄道省制動機弁併用自動空気ブレーキ装置 38K手ブレーキ
自　重				
乗車定員	積		ソ　ノ　地
	空		
台車形式	DT22 TR51	製造初年	昭和33年
最高速度	95㎞/h	改造年	昭和48年

形　式	番　号	旧式図番号	記　事
キハ26	キハ26	DC0339	キロハ25格下車
キユニ26	キユニ26	DC0523	

キユニ26 9　キハ26のⅠ次型を改造した車輌であるため、側窓の一部に上段Hゴム支持の窓が残っている。キハ26 300番代からの改造車と比べて郵便室がやや小さくなり、荷重は3トンとなっている。後位の出入台や便所などは種車のものを使用している。　　　　　1977.5.4　京都　P：豊永泰太郎

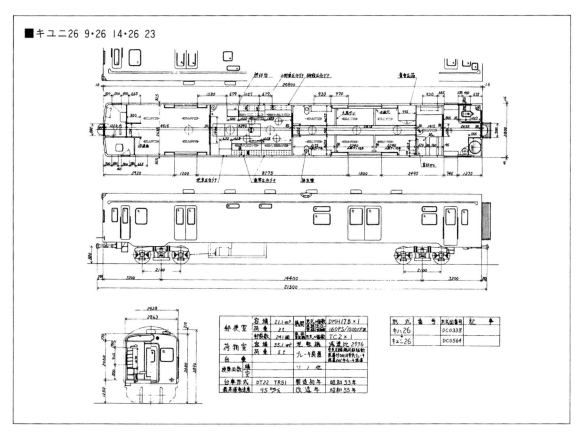

■キユニ26 9・26 14・26 23

郵便室	容積	21.1m³	機関	形式 略称 搭載	DMH17B×1
	荷重	3t		連続定格出力 回転数	160PS/1500rpm
	郵袋数	241個		変速機 形式 搭載数	TC2×1
荷物室	容積	35.1m²	逆転機	過重比 2976	
	荷重	5t	ブレーキ装置		
白車					
乗務員数	横 空			ツ ノ 他	
台車形式	DT22 TR51		製造初年	昭和33年	
最高運転速度	95㌔/h		改造年	昭和55年	

形 式	番 号	馬力図番号	記 事
キハ26		DC0338	
キユニ26		DC0564	

キユニ26 20　キロ25を格下げしたキハ26 400番代を種車とした郵便荷物車である。車内はキハ26 300番代を改造した車輛とほぼ同じである。写真のキ
ユニ26 20は遠軽に配置されていた車輛で、郵便室の押印台付近に小窓が設けられている点が特徴。　　　　　　　　　　1981.5.5　中湧別　P：片山康毅

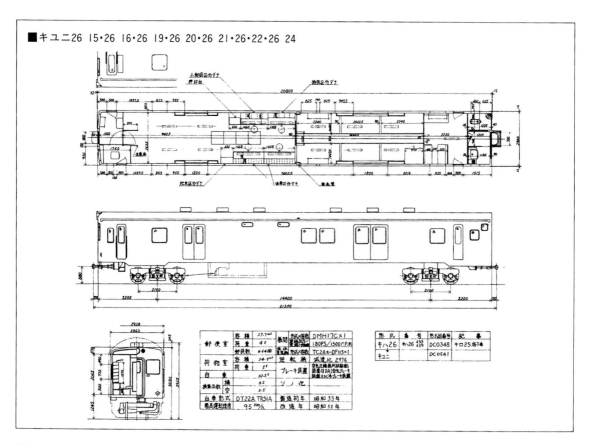

■キユニ26 15・26 16・26 19・26 20・26 21・26 22・26 24

キユニ26

番号	配置区	旧番号	改造		廃車年月日	備　考
			工場	年月日		
1	長モト	キハ26 301	松任	48. 9.30	61. 2. 4	
2	長モト	キハ26 302	〃	48. 9.30	59.12.12	
3	米ハマ	キハ26 303	名古屋	48.10.19	59. 4.20	
4	米ハマ	キハ26 310	多度津	48. 9.30	61. 3.31	
5	米ハマ	キハ26 312	〃	48. 9.30	57. 9.21	
6	米ハマ	キハ26 305	後藤	50. 1. 6	59. 7.13	
7	米トリ	キハ26 311	〃	50. 2.20	59. 7.13	
8	米ハマ	キハ26 306	〃	49.10.23	59. 7.13	
9	福フチ	キハ26 19	〃	50. 3. 7	60. 3. 4	
10	四コチ	キハ26 308	多度津	50. 1.22	59.11. 1	
11	四コチ	キハ26 309	〃	50. 2.24	59. 9.19	
12	四コチ	キハ26 314	〃	49.12.18	58.11.22	
13	四コチ	キハ26 315	〃	50. 2.13	59.10. 4	
14	旭ワカ	キハ26 22	苗穂	51. 3.29	59. 5.14	
15	金ナナ	キハ26 433	幡生	51.11. 7	60.12. 3	
16	金ナナ	キハ26 459	〃	51.11. 7	61. 3.31	
17	四コチ	キハ26 313	多度津	52. 3.25	59.10. 4	
18	四カマ	キハ26 169	〃	53. 3.29	61. 2.14	
19	分オイ	キハ26 453	幡生	52.11. 7	59. 3. 7	
20	旭エン	キハ26 451	〃	52.	56. 9.12	
21	旭キミ	キハ26 424	苗穂	53. 9.14	59. 6.12	
22	四カマ	キハ26 446	幡生	53.10. 7	59. 7.10	
23	旭エン	キハ26 1	〃	54. 3. 5	61. 3.31	
24	旭フカ	キハ26 413	旭川	55. 3.31	59. 3.10	
25	旭キミ	キハ26 118	〃	55.10. 4	59. 6.12	

キユニ26 1〜3・6

座　席　　（名）	——	台　車　形　式	DT22,TR51
立　席　　（名）	——	機　関　形　式	DMH17C
自　　重　　（t）		出力(PS)/回転数(PPM)	180/1500
郵便室荷重（t）	4	ブレーキ装置	DAI同期駆動装置付
郵　袋　数	317	最高速度（km/h）	95
荷物室荷重（t）	5	照　明　方　式	
台　枠　形　式		備　　　考	旧キロハ25 1次車

空欄は不明　——は記載事項なし

キユニ26 9・14・23

座　席　　（名）	——	台　車　形　式	DT22,TR51
立　席　　（名）	——	機　関　形　式	DMH17C
自　　重　　（t）		出力(PS)/回転数(PPM)	180/1500
郵便室荷重（t）	3	ブレーキ装置	DAI同期駆動装置付
郵　袋　数	241	最高速度（km/h）	95
荷物室荷重（t）	5	照　明　方　式	
台　枠　形　式		備　　　考	旧キハ26 1次車

空欄は不明　——は記載事項なし

キユニ26 15・16・19・22・24

座　席　　（名）	——	台　車　形　式	DT22A,TR51A
立　席　　（名）	——	機　関　形　式	DMH17C
自　　重　　（t）	35.5	出力(PS)/回転数(PPM)	180/1500
郵便室荷重（t）	4	ブレーキ装置	DAI同期駆動装置付
郵　袋　数	464	最高速度（km/h）	95
荷物室荷重（t）	5	照　明　方　式	
台　枠　形　式		備　　　考	旧キロ25

空欄は不明　——は記載事項なし

キニ26 1　キロハ25を格下げしたキハ26 300番代を種車とした荷物車である。写真の1は1次車を種車としているため後位側に上窓Hゴム支持の2段窓が残っている。なお、2は2次車を種車としているため全て1段上昇窓となっている。

1978.8.13　岡山　P：片山康毅

8-3　キニ26形

荷物ディーゼル動車

■キニ26 1、26 2

　キハ26 300代（旧キロハ25形）からの改造車で、昭和48年後藤工場で落成した。

　種車はキニ26 1が旧キロハ25一次形、キニ26 2が旧キロハ25二次形となっているため、旧ハ室の窓が二段式と一段式の2種がある。前位の便所、洗面所は残され、旧出入口は小型の乗務員用扉に改造され、荷扱い乗務員室が設置されている。

　後位のデッキは取り払われ、出入口は埋込まれ全室荷物室となった。側面には1800mm幅の両開き引戸が2ケ所に設けられている。

■キニ26 3、26 4

　キハ26一次形二段窓車の改造で、昭和49年と50年に各1輌が名古屋工場で落成した。

　前位の出入口は埋込まれ、側面には他の荷物車同様1800mm幅の大型荷扱い扉が設けられ、後位に荷扱い乗務員室が設置された。出入口、便所、手洗器、水タンク等はそのまま使用された。先のキニ26 1、2とは車内の配置、外観が大幅に異なっている。昭和60年3月に2輌とも廃車となり、この形式は消滅した。

キニ26

番号	配置区	旧番号	改造		廃車年月日	備　　考
			工場	年月日		
1	長モト	キハ26 304	後　藤	48. 9.30	57. 9.21	
2	大カコ	キハ26 307	〃	48. 9.27	59.10.24	
3	金ツル	キハ26 3	名古屋	50. 3.12	60. 3.15	
4	金ツル	キハ26 7	〃	49.12. 5	60. 3.15	

キニ26 1・2

座　席　　（名）	――	台　車　形　式	DT22, TR51
立　席　　（名）	――	機　関　形　式	DMH17C
自　重　　（t）	34.5	出力(PS)/回転数(PPM)	180/1500
郵便室荷重（t）	――	ブレーキ装置	DA1同期駆動装置付
郵　袋　数	――	最高速度（km/h）	95
荷物室荷重（t）	13	照明方式	
台　枠　形　式		備　　考	旧キロハ25 2次車

空欄は不明　――は記載事項なし

■ キニ26 2

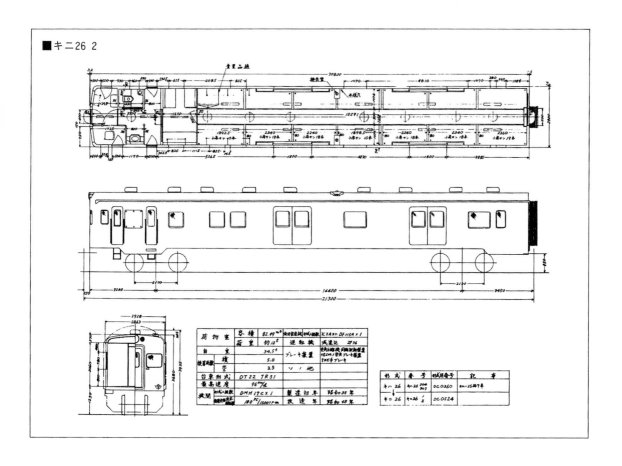

荷物室	容積	82.49 m³	逆転機	形式と個数	Xニ2Aシハ DF112A × 1
	荷重	約12ᵗ		減速比	2.976
自 重		34.5ᵗ			
換算両数	積	5.0	ブレーキ装置		
	空	3.5	その他		
台車形式		DT22 TR51			
最高速度		95 ㎞/h			
機関	形式と個数	DMH17CX1	製造初年	昭和38年	
	出力×回転数	180 PS/1500rpm	改造年	昭和48年	

形式	番号	新旧番号	記事
キハ26	キハ26 204	DC0360	キハ25新7年
	207		
キニ26	キハ26 1	DC0524	

■ キニ26 3・26 4

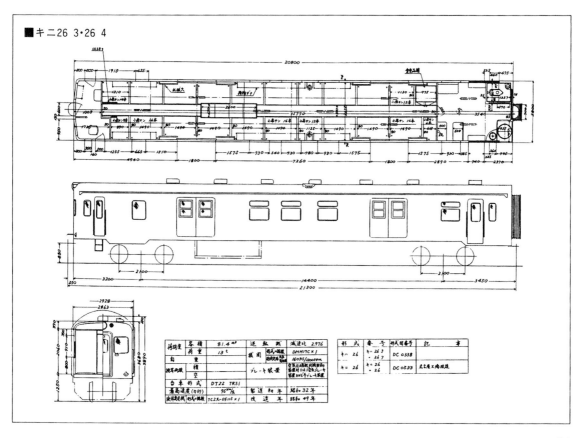

荷物室	容積	81.4 m³	逆転機	減速比	2.976
	荷重	13ᵗ	機関	形式と個数	DMH17CX1
自 重				出力×回転数	160PS/1500rpm
換算両数	積		ブレーキ装置		
	空				
台車形式		DT22 TR51	製造初年	昭和32年	
最高速度（力行）		95 ㎞/h	改造年	昭和49年	
液体変速機	形式と個数	TC2X-DF115×1			

形式	番号	新旧番号	記事
キハ26	キハ26 3	DC0338	
	・267		
キニ26	キハ26 3	DC0533	名古屋工場改造
	・26 4		

9. 58系新製および改造車

キハ55系の急行列車への進出とあいまって、本格的な急行用気動車の要望が高まり、客車、電車の急行用車輌と同等の接客設備を持ち、性能面でも大幅な改善が行なわれた急行用気動車キハ58系の誕生を見た。

車体は特急型と同様に車体幅は2903mmに広がり裾を絞った形となり、両端にデッキを持つオールクロスシート車である。普通車には初めて化粧室が設けられ、キロ車はリクライニングシートとなり、キハ55系と比べて一段とグレードアップされたものとなった。

昭和36年3月、北海道向の二重窓、耐寒設備を持ったキハ27形、キハ56形、キロ26形の3形式が登場した。

続いて、4月には信越本線のアプト区間横川-軽井沢間を通過可能なキハ57形、キロ27形が、5月には本州用のキハ58形、キハ28形、キロ28形が落成した。

機関は横型のDMH17Hを採用し、強力型には2基搭載された。台車はDT22A、TR51Aを使用しているが、横軽対策車には油圧ディスクブレーキと空気バネを備えたDT31、TR68が採用されている。

これらキハ58系は、昭和44年まで8年間に渡り増備が続き、全国に数多くの気動車急行を生み、急行から一般運用まで幅広く使用されて好評を得た。この間キハ58系は、標準型から修学旅行用、電気系統とブレーキ系統の改良を行なった長大編成対応車、モデルチェンジ車、本州内寒地向車等の車種が製作され、総数は1818輌に達した。

しかし、昭和50年代に入り気動車特急の増発、電化区間延伸等により急行用気動車は次第に減少し、グリーン車の余剰も出始め、キロ28、キロ58の一部には荷物、郵便荷物車へ改造されたものもある。JR化前後にはイベント車へ改造された車輌もあるが、近年では老朽化が急速に進み姿を消している。

9-1 キユ25形

郵便ディーゼル動車

■キユ25 1、25 2

気動車では初の全室郵便車で昭和40年に新潟鉄工所で新製された。車輌自体の所有は郵政省となっており、国鉄はそれを運行管理する形態となった。車端に付けられている車籍銘板も「郵政省」となっている。

形態はキハ28形に準じ、郵便室はオユ10形、冷房装置はキロ28形を基本的に踏襲したものとなった。

前面はキハ28形タイプの片運転台で、前位に小包郵便室、中央部は休憩室と郵便区分室、後位は通常郵袋室と3区分に分けられ、後位妻面に便所が設置されている。屋根上には4個のユニットクーラーを持ち、室内は全室冷房が施され車内作業の環境改善が行なわれている。なお、屋根高はキロ28（当初より冷房付き車輌）と同様に低くなっているため、前面から見ると圧縮されたようである。

側面には1200mm幅の両開き扉と900mmの引戸が設けられているが、いずれも車体側面よりやや内側にあり、他の荷物車等とは異なった形態となっている。

窓はキロ26形よりやや大きめの695mm幅となり、5ケ所が設けられているが、前後の窓には〒マークが表示され、他の窓は下半分がくもりガラスである。中央上部の横長窓は区分室の明り窓となっている。

■キユ25 3、25 4

昭和46年に増備された2輌で、前面のスタイルがキハ58系モデルチェンジ車同様パノラミックウインドウとなっている。この他は大きな差異はない。

これら4輌のキユ25形は四国地区の客車列車の気動車化により、郵便客車に変わって予讃本線で活躍していたが、郵便輸送の廃止と共に昭和61年6月全車廃車となり、唯一の郵便気動車は姿を消してしまった。

キユ25

座　席　　　（名）	――	台　車　形　式	DT22C,TR51B
立　席　　　（名）	――	機　関　形　式	DMH17H
自　重　　　（t）	32.3	出力(PS)/回転数(PPM)	180/1500
郵便室荷重（t）	8	ブレーキ装置	DAE/
郵　袋　数	615	最高速度（km/h）	95
荷物室荷重（t）	――	照明方式	白熱灯及びトランジスタケイ光灯
台　枠　形　式		備　考	3・4は前面がパノラミックウインドウ

空欄は不明　――は記載事項なし

キユ25 1　郵政省所有の初の新製全室郵便車で、昭和39年度民有車両のキハ28を基本としている。車内はオユ10、冷房装置はキロ28に準じたものとなっており、キハ58・28と比べると屋根が低く、前面から見るとその特徴がよく判る。　　　　　　　　　　1968.3.17　高松運転所　P：藤井　暉

キユ25

番　号	落　　成	製　作　所	配　　置	廃　　車
25　1	40. 3.10	新潟鉄工所	四カマ	61. 6. 6
2	40. 3.10	〃	〃	61. 6. 6
3	46. 6.20	〃	〃	61. 6. 6
4	46. 6.20	〃	〃	61. 6. 6

なつかしい鉄道郵便の風景（次頁に続く）。宇高連絡船を経由して四国にやってきた郵袋が郵便車に運び込まれる。そして予讃本線135Dに連結されたキユ25の区分室では、松山や宇和島に配達される郵便物の仕分け作業が郵政省の職員により行われる。　　　　1983.11.9　高松　写真所蔵：郵政博物館

キユ25 3 昭和46年に増備された2輌は前面がキハ58のモデルチェンジ車と同じくパノラミックウインドウとなった。屋根上に強制換気扇が取り付けられたが、前面のタイフォンシャッターはない。冷房装置はキセが変更されたAU13Aである。キユ25は4輌とも昭和61年に廃車となった。　　P：RM

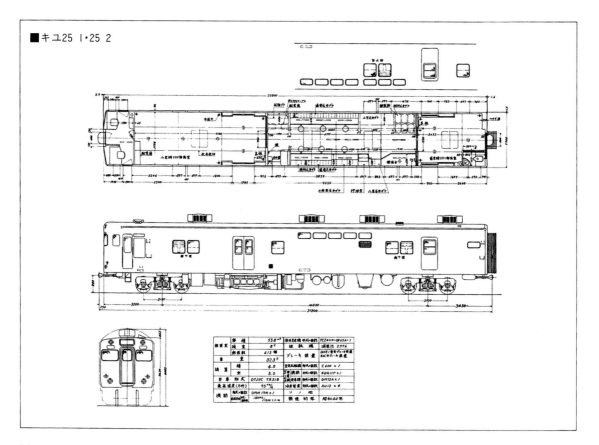

■キユ25 1・25 2

キユ25 3の郵便区分室。基本的なスタイルはオユ10と同じである。左奥の網棚が小包区分ダナ、左手前の棚が通常区分ダナ。右側の一段高い台が押印台、その手前の棚は特殊区分ダナとなっている。区分棚の上部には作業環境を向上させるために蛍光灯が装備されている。　　　　　　写真所蔵：郵政博物館

キユ25 4の郵袋室。郵袋室の前位側から後位側を撮影している。荷重8トンの郵袋室にも冷房室が完備されており、郵便荷物気動車の中では一番設備のよい車輛でもある。側窓や扉には保護棒が取り付けられ、天井の蛍光灯にも破損を防ぐための保護枠がある。　　　　　　写真所蔵：郵政博物館

キュニ28 Ｉ キロ28の機関、台車、制御機器などを流用して改造した郵便荷物車である。車体はキハ47に準じたものを国鉄工場で新製している。昭和52年度に登場した車輛は写真のように２色塗りの一般色となっていた。昭和62年までに全て廃車となっている。　　　　　　　　　　　　美濃太田区　Ｐ：手塚一之

9-2 キュニ28形

郵便荷物ディーゼル動車

　老朽化の進んだ10系改造の郵便荷物車の置換用として、余剰となったキロ28形を種車として改造が行なわれた。

　機関、台車、制御機器類を再利用し、車体はキハ47形に準じたものを新製し、これまでの改造車とはやや異なっている。

　前位より郵便室、郵便区分室、荷物室、荷扱い乗務員室となり、郵袋室と郵便区分室は仕切リカーテンにより区切られるようになっている。荷物室の床はこれまでの木製からアルミ合金板の床サンとなった。

　妻面には便所、洗面所が設けられ、荷扱い乗務員室との間は仕切リにより区切られ、この種の車輛では初めて洗面所が設けられている。

　郵便室、荷物室にそれぞれ両開きの荷扱い扉が設けられ、耐食性のあるステンレス製に改良され、妻面の貫通扉の窓には網入リガラスを使用し防火対策も施されている。

　昭和54年より昭和58年までに28輛が改造され、改造気動車としては同一形式最多輛数となったが、国鉄民営化前の昭和62年２月までに全車廃車となり形式消滅してしまった。

キュニ28

座　　席　　（名）	――	台　車　形　式	DT22,TR51
立　　席　　（名）	――	機　関　形　式	DMH17H
自　　重　　（t）	34.8	出力(PS)/回転数(PPM)	180/1500
郵　便　室　荷　重（t）	6	ブレーキ装置	DAE1
郵　　袋　　数	434	最　高　速　度（km/h）	95
荷　物　室　荷　重（t）	5	照　明　方　式	ケイ光灯
台　枠　形　式		備　　　考	旧キロ28

空欄は不明　――は記載事項なし

（次頁）腕木式信号機の並ぶ構内に進入するキュニ28。山口線での活躍はわずか10年にも満たなかった。　　　1980.4　徳佐　Ｐ：荒川好夫（RGG）

■キユニ28 1～28 28

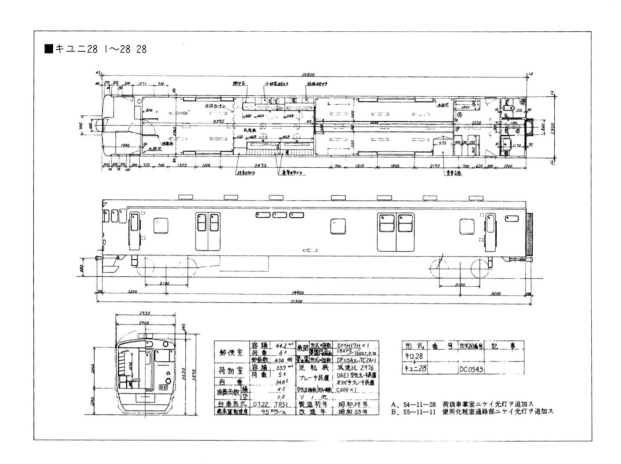

キユニ28

番号	配置区	旧番号	改造		廃車年月日	備 考
			工場	年月日		
1	名ミオ	キロ28 199	名古屋	53. 2.25	62. 2. 5	
2	名ミオ	キロ28 132	〃	53. 3.31	61.12.27	
3	名ミオ	キロ28 200	〃	53. 3.31	61.12.27	
4	天ナラ	キロ28 119	〃	53. 3.31	62. 1.12	
5	広ヒロ	キロ28 70	幡 生	53. 3. 2	62. 2.10	
6	広コリ	キロ28 176	〃	53. 3.10	62. 2. 2	
7	名ミオ	キロ28 85	名古屋	54. 3.31	61.12. 1	
8	広コリ	キロ28 129	幡 生	54. 2.20	61. 9.15	
9	福トカ	キロ28 57	〃	54. 3.17	61. 9.15	
10	水ミト	キロ28 29	〃	54. 8.20	62. 2.10	
11	水ミト	キロ28 501	〃	54. 8.28	62. 2.10	
12	水ミト	キロ28 67	〃	54.11.13	62. 2.10	
13	水ミト	キロ28 33	名古屋	54. 7.27	61.12.27	
14	名ミオ	キロ28 34	幡 生	54.10.26	61.12.27	
15	福トカ	キロ28 20	〃	54.10. 5	61.12.27	
16	福トカ	キロ28 49	〃	55. 1. 8	61.12.27	
17	広アサ	キロ28 12	〃	55. 2.26	62. 2.10	
18	秋カタ	キロ28 145	郡 山	56. 4.18	62. 2.10	
19	秋カタ	キロ28 146	〃	56. 7. 9	62. 2.10	
20	秋カタ	キロ28 106	名古屋	56. 1.28	62. 2.10	
21	天イセ	キロ28 37	〃	55.11.29	62. 1.12	
22	四カマ	キロ28 48	多度津	56. 5.29	62. 2.10	
23	広ヒロ	キロ28 153	幡 生	56. 3.31	62. 2. 2	
24	鹿カコ	キロ28 38	〃	55.12.13	62. 2.10	
25	天イセ	キロ28 121	高 砂	56.12.11	62. 1.12	
26	天ナラ	キロ28 54	〃	57. 3.31	62. 2.10	
27	名ナコ	キロ28 81	名古屋	57. 9.21	62. 2.10	
28	仙コリ	キロ28 36	高 砂	58. 2. 8	62. 2.10	

キニ28 4　キロ28を種車とした荷物車で、改造方法は基本的にはキユニ28の場合と同じである。荷物室の荷重は12トン。3・4は荷扱い乗務員室の蛍光灯を増設、後位の貫通扉幅が拡大されている。改造輌数は5輌のみで、高山本線や四国内で使用された。
　　　　　　　　　　　　　　　　　　　　　　　　　　　　　　　　　　　　　高松　P：藤岡雄一

9-3 キニ28形

荷物ディーゼル動車

　キユニ28形同様キロ28形を種車としての改造車で、前面強化の高運転台のキハ47系を基本に、裾を絞った車体を新製した。昭和53年から昭和56年まで名古屋、幡生、多度津工場等で5輌が落成している。

　全室荷物車で荷物室荷重は12tとなり、側面には1800mm幅の両開き扉が設けられ、扉はステンレス製となった。後位には荷扱い乗務員室が設置され扇風機が取り付けられている。妻面には便所、洗面所が設けられ、キユニ28同様乗務員室との間は仕切リによって区切られている。荷物室内には荷物ダナが設けられ、荷物室後位には貴重品箱が設置された。床はアルミ合金板の床サンとなる等、これまでの改造荷物車とは車輌の内外とも一新された。キニ28 3以降では荷扱い乗務員室の蛍光灯の増設、後位貫通扉幅の変更が行なわれている。

　改造後、10年にも満たないながら荷物扱廃止にともない、昭和62年3月までに5輌ともに廃車となリ形式消滅した。

キニ28

番号	配置区	旧番号	改　造		廃車年月日	備　　考
			工場	年月日		
1	名ナコ	キロ28 78	名古屋	53.11.19	62. 3.10	
2	名ナコ	キロ28 58	〃	54. 1.11	62. 2. 6	
3	四カマ	キロ28 53	〃	56. 3.19	62. 2.10	
4	四カマ	キロ28 73	幡　生	56. 3.31	62. 2.10	
5	四カマ	キロ28 172	多度津	56. 3.18	62. 2.10	

キニ28

座　席　（名）	——	台　車　形　式	DT22C,TR53B
立　席　（名）	——	機　関　形　式	DMH17H
自　重　（t）	33.0	出力(PS)/回転数(PPM)	180/1500
郵 便 室 荷 重（t）	——	ブ レ ー キ 装 置	DAE1
郵　袋　数	——	最 高 速 度（km/h）	95
荷 物 室 荷 重（t）	12	照　明　方　式	ケイ光灯
台　枠　形　式		備　　考	旧キロ28

空欄は不明　──は記載事項なし

■ キニ28 1・28 2

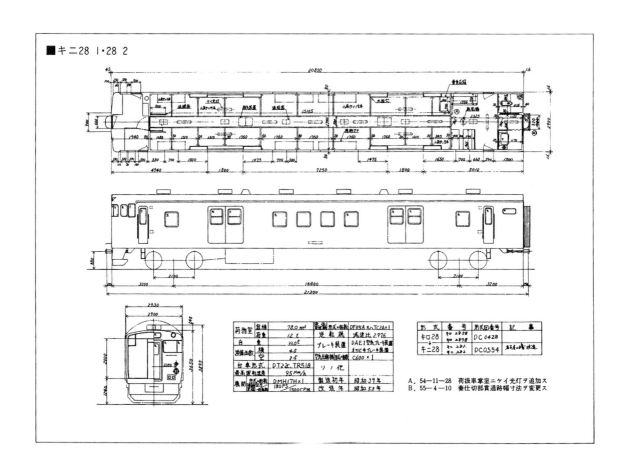

■ キニ58 1～58 3

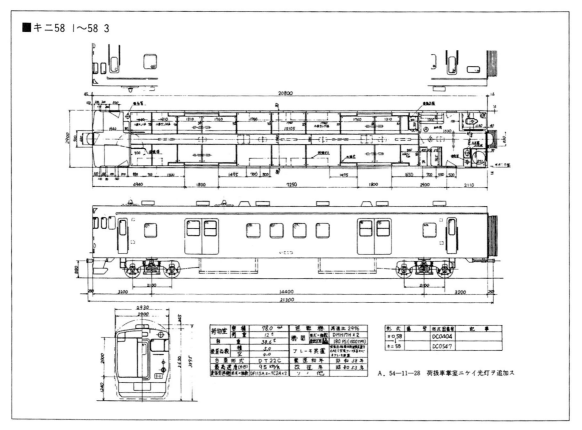

キニ58 2　キロ58を種車とした強力型荷物車である。外観上はキニ28と似ているが、水タンクが後位側の車内に取り付けられたため、洗面所付近のレイアウトが異なる。常磐線用のため屋根に無線アンテナが取り付けられている。昭和62年までに廃車となった。1987.1.12　水戸機関区　P：岡田誠一

9-4　キニ58形

荷物ディーゼル動車

　中央東線用として製作された強力形グリーン車キロ58形を種車に、機関、台車、機器類を再利用、車体を新製して昭和53年に３輌が落成している。

　車体はキニ28形同様の全室荷物車で、２基機関搭載車としてはキニ55形、キニ56形に続く３代目の強力型となった。

　運転台はキハ47形と同様とし、暖房は温水による強制温風式を採用し、荷物室床はアルミ合金板、扉はス

テンレスを採用する等、キユニ28形、キニ28形と同様の構造となっている。

　後位には荷扱い乗務員室が設けられ、妻側に便所が設けられているが、２基機関搭載車のため床下スペースが不足し、水タンクを妻面車内に置いた。このため洗面所は乗務員室側となり、この部分の仕切りと後位洗面所窓が無くなっている。

　キユニ28形、キニ28形と共に国鉄最後の荷物気動車となったが、昭和62年２月までに廃車となり、姿を消してしまった。

キニ58

番号	配置区	旧番号	改　造		廃車年月日	備　　考
			工場	年月日		
1	水ミト	キロ58 7	名古屋	53．7.25	62．2.6	
2	水ミト	キロ58 8	〃	53．9.22	62．2.6	
3	水ミト	キロ58 6	幡　生	53．8.31	61．6.16	

キニ58

座　　席　　（名）	——	台　車　形　式	DT22C
立　　席　　（名）	——	機　関　形　式	DMH17H×2
自　　重　　（t）	38.6	出力(PS)/回転数(PPM)	180/1500
郵便室荷重　（t）	——	ブ レ ー キ 装 置	DAE1
郵　　袋　　数	——	最高速度　（km/h）	95
荷物室荷重　（t）	12	照　明　方　式	
台　枠　形　式		備　　　考	旧キロ58

空欄は不明　——は記載事項なし

10. 簡易郵便・荷物気動車について

旅客にも多客期と閑散期があるように、郵便荷物輸送にも波動がある。しかし、時期においては旅客輸送とは若干のずれがあり、年末や地方の特産品（りんご、みかんなど）を輸送する季節は急激に増え、朝夕の新聞輸送のように片道だけの輸送であったりと、その調整は難しい。一時的な郵便荷物輸送のために専用車や合造車を新製、改造したりする事は非常に効率が悪い。

そのため通常は一般車として使用し、荷物のある時だけ客室をアコーディオン等で仕切って荷物室とする車輌が存在した。これが簡易郵便荷物車と呼ばれる車輌であり、おもにローカル線で活躍し、電化区間でも御殿場線や仙石線などで見る事ができた。また、旅客車の車内の一部をのれんのような布張りや、工事用のシートのようなもので簡単に仕切って客荷合造車に代用する場合や、客室の一部の座席を撤去した場所を使用したり、乗務員室付近に積み上げておくだけの場合、旅客車そのものを荷物車として代用する場合もあった。以前はこのような光景は全国各地の鉄道で見られたが、今では昔語りとなってしまった。

では、国鉄気動車の簡易荷物車の概略を北から南へと追ってみよう。

■北海道

北海道のローカル線などは、極端に旅客数も荷物数も少ない線区がある。そのため車輌の運転効率を考え、単行運転する場合が多い（冬期は積雪のため2輌以上連結）。そこで、キハ22の室内のうち半分を荷物車に改造した車輌が存在した。これが600番代と呼ばれる車輌で、深名線、士幌線、標津線などのローカル線で活躍した。

これらはアコーディオンではなく、立派な仕切りを

簡易荷物車のキハ22 601と代用車（次頁）。荷物輸送は季節によって波動が大きい。このため、通常は客室として使い、荷物のある時のみ荷物室となるようにアコーディオンを設けた簡易荷物車があった。また、次頁の代用車のように、のれんで仕切ったのみの即席荷物室も見られた。
1983.2 釧路運転所　P：岡田誠一

新設し、荷物室側となる方の窓に保護棒を取付け、クロスシートもロングシート化するなど、キハニ22といった様相であった。このほか、キハ22 1、201、211、213、271、272などの車輌は、600番代と同様の改造を受けながら改番されなかった。これらの車輌達も荷物扱廃止とともに消えていった。また、苗穂区所属（札沼線などで使用）のキハ21のうち3輌は新聞輸送のため、車内をロングシート化した車輌が存在した。これらは100番代に改番されたが、ロングシート化は新聞輸送というよりも、通勤通学輸送に重宝がられていたようであった。

■東北

東北地区では郡山、小牛田、山形などに簡易荷物車の配置があり、陸羽東線・陸羽西線や、比較的まとまった輸送量のある左沢線などで運用され、キハ25（1次車）を改造したキハ25 600番代、キハ25（2次車）を改造したキハ25 650番代が活躍した。

■中部

中部地区では伊勢にキハ20（1次型）を改造したキハ20 600番代、キハ25 650番代が配置され、参宮線などで使用された。長野ではキハ20（2次型）を改造したキハ20 651番代が飯山線で活躍した。

■中国

浜田区にはキハ20 600番代、キハ25 600番代が配置され、三江、芸備線で使用され、厚狭に配置されたキハ25 600番代は美祢線で使用された。美祢線ではこの他にキハ30にアコーディオンを取付け、行商用に改造した車輌も存在した。米子には勾配線区の木次線用にキハ52の1次型を改造したキハ52 600番代、2次型を改造した650番代が配置された。しかし、昭和59年にキハ52（1次車）改造車が老朽化した際に、キハ53を改造した簡易荷物車が2輌存在した。改番は受けなかったが約1年後に木次線の荷扱廃止とともに原車に復元された。

■四国

四国では専用車が比較的多く配置されていたため、簡易荷物車は少ないが、松山以西の勾配線区用にキハ52 600番代が松山に配置されている。

■九州

九州では大分にキハ45 601という簡易荷物車が配置された。この車輌の特記すべきところは、改造車ではなく新製であるところにあり、おもに久大線などで使用された。この他、志布志にキハ25 650番代が配置され、日南線などで使用された。

郵便・荷物気動車の系譜

旧形式	形式	31	32	33	34	35	36	37	38	39	40	41	42	43	44
キハ04	キクユニ04						●				×				
キハ07	キユニ07					●						×			
キハ05	キニ05					●						×			
キハ01	キユニ01							●					×		
キハ44000	キハユニ15		●												
キハ44100	キハユニ16	●													
	キユニ16										●				
キロハ18	キニ15						●								
キロハ18	キハユ15						●								
	キユニ15							●							
キハ11	キユニ11										●				
キハ16	キハユニ18											●			
	キユニ18														●
キハ50	キハユニ17						●								
キハ17	キニ17											●			
キハ17	キユニ17											●			
キハ18	キハニ15									●					
キハ19	キニ16									●	×				
	キユニ19										●				
キハ19	キニ19											●			
キハ51	キニ55										●				
キハ55	キニ56														
キハ26	キユニ26														
キハ26	キニ26														
キハ21	キユニ21														●
キロ28	キユニ28														
キロ28	キニ28														
キロ58	キニ58														
新製	キハユニ25			●											
新製	キハユニ26			●											
新製	キユ25										●				

●印は改造初年または製造初年、╳印は形式消滅年を示す。

97

郵便荷物気動車の消長

国鉄に在籍した郵便荷物気動車について、形式別にその概要と消長をたどってきたが、最後にもう一度その流れを巨視的にとらえ、結びとしたい。

■黎明期

国鉄の内燃動車は昭和4年に製作された国産のガソリン動車キハニ5000形が端緒であり、それは初の三等荷物合造車でもあった。続いて昭和6年にはキハニ36450形が登場したが、2輌の試作にとどまり、その後しばらくは郵便荷物気動車の製作は行われなかった。昭和8〜12年、昭和16〜19年の2回にわたる私鉄買収により、数形式の郵便荷物気動車が国鉄（鉄道省）へ編入されたものの、これらも昭和24年頃までに廃車となり、地方鉄道へ払い下げられた。

■ディーゼル動車キハユニの誕生〜昭和30年代〜

昭和28年に液体式ディーゼル動車キハ45000（キハ17）形が登場。翌年には3等郵便、3等荷物合造車の設計も予定されていたものの、旅客輸送を優先させるため、高価な新製車の投入は見送られてしまった。しかし、キハ45000系の増備が進み、電気式ディーゼル動車の液体式改造が開始されると、同時に要望の多かったキハユニ改造も実施され、昭和31年には戦後初の郵便荷物気動車キハユニ16形が誕生。翌32年にはキハユ

郵便・荷物気動車年度末輌数表

形式＼年月	32.3	33.3	34.3	35.3	36.3	37.3	38.3	39.3	40.3	41.3	42.3	43.3	44.3	45.3	46.3	47.3	48.3	49.3	50.3	51.3
キハユニ15		15	15	19	19	19	19	19	19	19	19	19	19	19	19	18	18	18	16	10
16	10	10	10	10	10	10	10	10	10	7	7	7	7	7	6	6	6	6	5	5
17					1	2	2	2	1	1	1	1	1	1	1	1	1	1	1	1
18										1	8	8	8	6	6	2	2	2	2	1
25			6	6	6	5	6	6	6	6	6	6	6	6	6	6	6	6	6	6
26			8	23	36	39	48	51	59	59	59	59	59	59	59	59	59	59	59	59
キハユ15						6	6	5	1	1	1	1	1	1	1	1	1	1	1	1
キハニ15									1	1	1	1	1	1	1	1	1	1	1	1
キユニ01							1	1	1	1	0									
07				4	4	4	4	4	2	0										
11										2	2	3	3	3	3	3	3	3	3	3
15							1	5	5	5	5	5	5	5	5	5	5	5	5	5
16									3	3	3	3	3	4	4	4	4	4	4	3
17											2	7	10	10	10	10	10	10	10	10
18														2	6	6	6	6	6	6
19										4	4	4	4	4	4	4	4	4	4	4
21														2	2	2	2	2	2	2
26																		5	13	14
28																				
キクユニ04							1	1	1	0										
キニ05					9	9	9	9	9	6	0									
15					2	2	2	2	2	2	2	2	2	2	2	2	2	2	2	2
16									4	0										
17											4	5	5	5	5	5	5	5	5	5
19											1	1	1	1	1	1	1	1	1	1
55										4	4	4	4	4	4	4	4	4	4	4
56																2	2	3	3	3
26																		2	4	4
28																				
58																				
キユ25										2	2	2	2	2	2	2	4	4	4	4

ニ15形も続いた。

昭和33年には戦後初の新製郵便荷物気動車キハユニ25・26形が誕生。また、昭和35年には機械式気動車の改造も行われ、キニ05、キユニ07形が登場した。

昭和36年、キロ25、キロハ25形の増備により余剰となったキロハ18形がキハユニ15、キニ15形へ改造、初の10系（液体式）からの改造車となった。これは完全気動車化が実施される四国へ集中投入され、客車列車を一掃した。翌37年にはレールバス改造のキユニ01形も登場した。さらに昭和39年には中間車キハ18、キハ19形の改造も行われ、キハニ15、キニ16形が誕生している。

■10系から55系へ〜昭和40年代〜

52.3	53.3	54.3	55.3	56.3	57.3	58.3	59.3	60.3	61.3	62.3
9	7	7	3	0						
4	3	0								
1	1	1								
1	1	1	0							
6	6	6	6	5	4	2	2	2	0	
59	59	59	59	57	55	53	44	30	3	0
1	1	0								
1	1	0								
3	3	3	2	1	0					
5	5	4	3	1	0					
3	3	2	1	0						
10	8	3	2	1	1	0				
6	6	5	5	3	2	0				
4	4	4	3	1	1	0				
2	2	2	2	2	2		1	1	0	
17	20	23	24	25	25	24	21	6	0	
	6	9	17	23	26	27	28	28	28	0
2	2	2	1	1	0					
5	5	5	5	5	4	0				
1	1	1	0							
4	4	4	4	4	4	2	0			
3	3	4	4	4	4	4	4	3	0	
4	4	4	4	4	3	3	0			
		2	2	5	5	5	5	5	5	0
		3	3	3	3	3	3	3	0	
4	4	4	4	4	4	4	4	4	0	

昭和40年代に入ると20系、55系、58系が出揃い、老朽化した10系一般車の改造が開始され、キユニ11、キハユニ18、キニ17、キユニ17、キニ55形などが相次いで登場。これらの投入により、機械式の郵便荷物気動車は昭和42年には全て姿を消してしまった。さらに昭和40年には初の全室郵便車キユ25形が新製された。

昭和44年には20系唯一の改造車、キユニ21形が誕生。このころには運用上難点のあるキハユニは、新製のキハユニ25・26形に絞られ、その他はキユニ、キニへ転換され、以降、キハユニの増備は行われなくなった。

昭和40年代も後半になると、電化区間の延長や特急気動車の増発などにより改造種車は55系に移行した。まず昭和46年にキニ56形が、さらに昭和48年にはキユニ26、キニ26形が誕生した。このキユニ26、キニ26形は、昭和47年11月に起きた北陸トンネル内列車火災事故の教訓を生かし、室内のギ装を木製から金属製として不燃構造に改良されている。

昭和50年3月には郵便荷物気動車は161輌に達し、国鉄史上における最多輌数を記録した。しかし、昭和50年以降、郵便輸送は鉄道郵便から高速自動車便へと徐々に移行し、鉄道運送料のコストアップなどにより鉄道郵便は廃止の方向に進みはじめていた。

■終末期〜昭和50年代〜

昭和53年には58系の余剰グリーン車を種車としたキユニ28、キニ28、キニ58が登場し、10系改造の郵便荷物車と置き換えられた。これら3系列は旅客車との格差をなくす目的から、当時の最新系列である47系と同等の車体を新製、種車からはエンジン機器類などのみが使用された。

しかし、このころすでに小荷物輸送は鉄道からトラック便へ移りつつあった。特に、昭和51年に登場し、急速に拡充していった民間の宅配便が鉄道輸送に与えた打撃は大きかった。鉄道の小荷物輸送量は昭和49年をピークに減少していったのである。

昭和59年2月1日ダイヤ改正において、鉄道郵便は自動車輸送を主体とした輸送体系へと変更され、手・小荷物輸送の営業線区は228線区から91線区へ、荷物取り扱い駅数は2769駅から1052駅へと大幅な縮小を行い、効率的な輸送体制の見直しが行われた。

しかし、改善策もむなしく、輸送コストの高い鉄道郵便は昭和61年9月30日をもって廃止され、明治5年6月以来続けられた鉄道郵便輸送に終止符が打たれた。

さらに気動車による手・小荷物輸送は昭和61年11月1日のダイヤ改正により全廃され、用途を失った車輌たちは、国鉄の民営化を目前にして全車廃車となり、姿を消してしまったのである。

あとがき

　創成期はともかく、昭和20年代後半以降国鉄の動力近代化、無煙化の立役者であった気動車。その中のごく僅かである郵便・荷物気動車の生涯を、鉄道友の会東京支部客車気動車部会の長年に渡って蓄積された資料を基にここに集成することが出来た。一時代を大きな顔もせずひっそりと走り、去っていった国鉄郵便・荷物気動車が有ったことを記憶の中にとどめていただければ幸いである。

　全国に散らばった数少ない車輌、たった1輌の写真のため多くの時間を掛けて貴重な写真を提供いただいた各位、並びにこれらの写真キャプションを担当して

いただいた岡田誠一氏に厚くお礼を申し上げます。

千代村資夫（鉄道友の会専務理事）

写真提供いただいた方々　　（敬称略　アイウエオ順）
荒川好夫、伊藤　昭、伊藤威信、岡田誠一、片山康毅、
菊池孝和、斉藤　裕、笹本健次、菅野浩和、瀬古龍雄、
武辻素典、手塚一之、富樫俊介、豊永泰太郎、
名取紀之、野村一夫、長谷川　明、長谷川　章、
原　将人、藤井　暉、藤岡雄一、通信総合博物館、
RGG

真夏の八幡平を黙々と走り続けるキハユニ26。キハニ5000以来続いた気動車による郵便荷物輸送は昭和61年に終焉を迎えた。しかし、悲喜こもごもの郵便と荷物を運びつづけた33形式263輌の足跡を忘れることはできない。
1984.8.3　横間－荒屋新町　P：RGG